高等院校土木工程专业实验实习指导用书

测量实验及实习指导教程

伊廷华　　袁永博　　主编

中国建筑工业出版社

图书在版编目（CIP）数据

测量实验及实习指导教程/伊廷华，袁永博主编 . —北京：
中国建筑工业出版社，2009
（高等院校土木工程专业实验实习指导用书）
ISBN 978-7-112-11237-1

Ⅰ. 测… Ⅱ.①伊…②袁… Ⅲ. 工程测量-高等学校-教学
参考资料 Ⅳ. TB22

中国版本图书馆 CIP 数据核字（2009）第 151511 号

测量学是土木工程专业及相关专业必修的一门专业基础课。在测量学课程的教学体系中，实验与实习教学环节是整个教学过程中必不可少的一部分，它起着巩固课堂知识，理论联系实际的作用。本书以非测量专业的测量学教学大纲为基础，系统介绍了测量学实验和实习中的基本理论知识、实验目的、实验仪器、实验内容、实验步骤、注意事项等，并给出了用于记录的标准表格。

本书可作为高等学校土建、市政、规划、交通、水利等专业的测量学配套教材，供课堂教学和实验实习使用，也可作为相关工程技术人员的参考用书。

* * *

责任编辑：刘婷婷
责任设计：崔兰萍
责任校对：陈晶晶 关 健

高等院校土木工程专业实验实习指导用书
测量实验及实习指导教程
伊廷华 袁永博 主编
*
中国建筑工业出版社出版、发行（北京西郊百万庄）
各地新华书店、建筑书店经销
北京红光制版公司制版
北京建筑工业印刷厂印刷
*
开本：787×1092 毫米 1/16 印张：9¾ 字数：244 千字
2009 年 10 月第一版 2019 年 6 月第五次印刷
定价：**28.00** 元
ISBN 978-7-112-11237-1
（32365）

随着测绘科学技术进入信息化发展阶段，测量学的内涵和外延已远远超过了原来意义上的测量和绘图，测量学课程的地位、作用和内容体系的重点都发生了巨大变化。测量仪器已从传统仪器（光学经纬仪、水准仪、平板仪和钢尺等）发展到了现代仪器（电子水准仪、电子经纬仪、电磁波测距仪、全站仪和GPS信号接收机等）。这些现代电子测绘仪器可将高程、角度、距离等三项基本测量工作集中于一体，自动读数、自动记录、自动存储数据，并可借助于电子平板和数字测量软件实现野外一体化测量，通过其与绘图仪的有机连接，可实现绘图仪的自动绘图。为适应信息化发展的需要，并完整地反映测绘科技的最新成果和发展方向，这就要求测量学教材的内容体系相应地更新。但现有的大多数测量学教材对这些内容的介绍十分有限，相对于十几年，甚至几十年来使用的教材，仅作了少量的增补和细枝末节的修改。另一方面，随着土木工程各专业面的不断拓宽，测量学课时不断压缩，教学内容与学时的矛盾日益突出。在测量学实践性教学环节中解决教学内容与计划学时之间的这种矛盾，必须解决教材内容中传统测量仪器、技术为主体与现代测量仪器、现代测量技术之间的矛盾。因此，反映新的教学思想、教学体系和内容的教材编写就显得尤为重要。

《测量实验及实习指导教程》一书，由大连理工大学土木水利学院两位多年从事测量学教学工作的教师编写完成，在书稿即将付梓之际，我有幸先睹为快。该书以使学生能够既懂得"传统"，又熟悉"现代"为宗旨，内容按照由单项仪器操作的基本技能训练到工程综合实践的顺序进行编排，循序渐进、脉络清晰，组成了一个较为完整的结构体系。值得一提的是，该书对传统测量实践教学的内容进行了重新梳理，舍弃了一些"过时"的东西，充分反映了当代先进的测量仪器和现代化测量技术，对于学生学习新知识，了解测绘科学发展的新动向十分有益。该书叙述简洁规范、通俗易懂，相信非测量专业的学生通过本书的系统学习，亦可掌握各种测量基本技能，为将来从事测绘领域内的有关工作打下良好的基础。

大连理工大学土木水利学院　院长

长江学者特聘教授·博士生导师

2009 年 8 月于大连

前　言

　　测量学是一门理论与实践结合十分紧密的土木工程专业基础课，也是一门实用性很强、应用面较广的科学。实验实践教学是测量学教学体系的重要组成部分，是对学生进行测量科学实验训练、使学生对所学理论知识强化记忆、感性具体吸收、深化理解并使学生获得规范操作技能、提高学生动手能力和培养勇于实践精神的重要环节。此外，通过教学实验中的分工合作以及对实验结果的讨论归纳，可以培养学生的团队协作精神及相互讨论的科学作风。

　　测量实验应以仪器使用、工程测量、地形图测绘等内容为主，充分发挥学生的主观能动性，因材施教。近年来，随着信息技术、地球观测技术的发展，尤其是由 RS 技术、GPS 技术、GIS 技术组成的 3S 技术的迅猛发展，测量学及其相关科学的知识创新体系正在日益构建，野外数据采集手段、技术发生了革命性的变化，测量仪器已向电子化、数字化、自动化、智能化、实时化和信息化方向发展，新型测绘仪器不断涌现，自动化程度越来越高，功能也越来越全，并且新型测绘仪器在工程建设中已广泛应用，而现有的测量学教材对这些内容的介绍十分有限，难以适应测量学学科的发展需要和用人单位对测量人才提出的新要求。基于此，本书以非测量专业的测量学教学大纲为基础，删除、减少了传统的渐趋消去的测量学内容及仪器介绍，增加了新知识、新理论、新技术等教学内容，如无棱镜全站仪、GPS 定位技术、数字化测图技术等，以适应科学技术发展和专业培养目标的需要。本书在编写过程中，力求内容重点突出、章节编排合理，理论与应用配合适当，文字叙述通俗易懂。全书共分 3 章。第 1 章和第 2 章由伊廷华主编，第 3 章由袁永博主编，全书由袁永博主审。第 1 章为绪论，主要介绍了测量实验与实习课的目的和意义、测量仪器的借用办法及注意事项、测量成果的整理以及常用的一些规范等；第 2 章为测量学基础实验指导，内容包括九大部分（水准测量、经纬仪的认识与使用、距离测量、经纬仪测绘法测绘地形图、全站仪的认识与使用、数字化机助成图、GPS 信号接收机的认识与使用、建筑物轴线测设和高程测设、道路圆曲线测设），在每一部分都给出了基本知识、实验目的、实验仪器、实验内容、实验步骤、注意事项以及记录表格等方面的内容；第 3 章为测量学实习指导，内容包括实习的要求与注意事项、实习的准备工作及进度安排、实习工作的开展、实习仪器的检验与校正以及实习成果的整理与提交五个部分。

　　本书是作者及合作者多年教学经验的总结，在书的编写过程中，李宏男教授、伊晓东副教授、于清华工程师提供了许多宝贵的资料并给予了许多建设性的意见，硕士生李天华、叶公伟、杨磊、王丽娜、周丹、孙秀丽，以及本科生常婷、韩超、程世杰、都晓、易圣辉等做了部分资料收集和整理工作，是他们的辛勤劳动才使得本书内容丰富、翔实，在此表示衷心的感谢！

本书的出版得到了中国建筑工业出版社、大学生创新实验计划项目以及大连理工大学教学改革重点项目的大力支持，在此表示衷心感谢！

由于作者水平有限，书中难免有疏漏和不足之处，衷心希望读者批评指正。

作者

2009 年 8 月于大连理工大学

目 录

第 1 章　绪　论

1.1　测量实验与实习课的意义和目的

"测量学"是一门实践性很强的学科，测量实验与实习课是测量学教学中重要的、必不可少的组成部分，它不仅是学生掌握工程测量基本技能的必要训练手段，也是培养学生动手能力和解决实际工程问题能力的有效途径。加强测量实验和实习的教学，将有助于加深学生对理论知识的理解、消化、巩固和提高，只有通过实验和对测量仪器的亲自操作，进行安置、观测、记录、计算、写实验报告等，才能真正掌握测量的基本方法和基本技能；也只有通过这种实践环节，才可以使学生将理论知识和实践有机结合起来，完成知识的升华。

因此，测量实验课与实习课决非是简单的有关书本所学内容的直观显示或重复，它的开设一般有以下几个目的：

（1）通过阅读教材和相关资料，概括出测量实验与实习原理和方法的要点，并自行设计和完成一定难度的综合性实验，从而培养学生从事科学实验的初步能力。

（2）通过动手操作各种观测仪器，使学生掌握测量仪器的原理、构造、性能、操作方法、操作步骤、检验、校正的方法，提高学生的实验操作技能和工程实践能力。

（3）通过运用所学知识解决测量实验和实习课中所遇到的实际问题，加深学生对测量概念的理解，培养其严谨认真的态度和独立思考的能力。

（4）通过正确记录和处理测量实验与实习的观测数据、分析测量实验与实习结果、撰写实验与实习报告，培养学生实事求是的科学态度、严谨踏实的工作作风。

（5）通过分组进行野外测量实验与实习工作，培养学生吃苦耐劳、遵守纪律、团结协作、爱护公物的优良品德。

1.2　测量实验与实习课的一般要求

为了熟悉和掌握精密现代测量仪器及各种测量技术，提高实验效果，应该做到：

（1）测量实验与实习课前，必须复习教材中的有关内容，认真仔细地预习本书，以明确目的，了解任务，熟悉实验步骤和内容，掌握仪器的使用方法和步骤，注意有关事项，并准备好所需的文具用品。

（2）实验课时所有同学必须准时到达仪器室领取实验仪器，应遵守课堂纪律，不得无故缺席、早退或迟到。

（3）测量实验与实习课是以小组为单位的集体协作活动，由组长负责组织协调工作，办理所用仪器工具的借领和归还手续，副组长负责仪器的保管工作。每次领取仪器的时候要按班、组的顺序进行，对于组员无故缺席的小组，实验室将不发放实验仪器。

（4）实验和实习过程中，小组成员应服从老师的指导，每个人都要轮流操作仪器，严格按照本书的要求，按时、认真地完成任务。

（5）在实验和实习过程中，每个小组应在指定的场地进行工作，不得擅自改变地点或离开现场，要爱护现场的花草、树木和农作物，爱护周围的各种公共设施，任意砍折、踩踏或破坏者应予以赔偿。

（6）每次实验都应取得合格的成果，提交书写工整、规范的实验报告或实验记录，经指导老师审阅同意后，方可交还实验仪器，结束工作。

1.3　测量仪器的使用及注意事项

测量仪器属于精密贵重设备，是完成教学任务必不可少的工具。正确使用和维护测量仪器，对于保证教学进度、测量精度、提高工作效率、防止仪器损坏、延长仪器使用年限都有着重要作用。损坏或丢失仪器器材，不但造成国家财产和个人经济上的损失，而且也会影响教学和测量工作的正常进行。因此，对测量仪器工具的正常使用、精心爱护和科学保养，是每个测量人员应该掌握的技能和必备的素质。

1.3.1　测量仪器的借用

（1）以小组为单位借用测量仪器，由组长负责签字，领用仪器时要按小组顺序进行，听从指挥，未经允许不得混领仪器，严禁代替他人领用仪器。

（2）领到仪器后，应当场清点检查：实物与清单是否相符，仪器工具及附件是否齐全，背带及提手是否牢固，脚架是否完好等；如有缺损，应立即向实验室老师汇报，进行更换。

（3）离开借领地点之前，必须锁好仪器并捆扎好各种工具，搬运仪器时，必须轻取轻放，避免剧烈振动。

（4）实验过程中，未经指导老师同意，不得与其他小组擅自调换仪器或转借他人使用。

（5）实验结束后，应及时收装仪器工具，送还借领处检查验收，办理归还手续，如有遗失或损坏，应写出书面报告说明情况，并按有关规定给予赔偿。

1.3.2　测量仪器的检查

（1）打开仪器箱前，首先要检查仪器箱是否有裂缝，背带及把手是否完好，然后将箱子平放在地面上打开；打开箱子盖后，应注意观察仪器及附件在箱子中的位置，以便使用完毕后将各部件稳妥地放回原处。

（2）仪器从箱子取出后，应立即将箱子盖关好，以防止尘土进入或零件丢失；箱子应放在仪器附近，仪器箱多为薄型材料制成，不能承重，因此严禁蹲、坐在仪器箱上。

（3）仔细检查仪器的表面有无碰伤划痕，部件是否完整，部件之间是否结合良好，仪器的制动螺旋、微动螺旋和连接螺旋是否运行良好，仪器水平方向、竖直方向是否转动灵活，望远镜调焦螺旋是否运行平稳，是否可以调出清晰的十字丝与目标像，读数窗口是否清晰。

（4）全站仪要检查操作键盘各功能键是否好用，功能是否正常；液晶显示屏各种符号显示是否清晰、完整、对比度适当；数据输出接口以及外接电源接口是否完好等。

1.3.3　测量仪器的架设

先将仪器的三脚架在地面安置稳妥，若为泥土地面，应将脚尖踩入土中，若为坚实地面，应防止脚尖有滑动的可能性。

（1）三脚架的三条腿抽出后，要把固定螺旋拧紧，但不可用力过猛而造成螺旋滑扣，也要防止因螺旋未拧紧，造成三脚架架腿自行收缩而摔坏仪器；三脚架高度一般约 1.2m 左右，三条腿分开的跨度要适中，三脚脚尖成等边三角形，三脚架腿与地面成 60° 左右，太靠拢容易碰到，分得太开，容易滑开。若在斜坡上架设仪器，应使两条腿在坡下，一条腿在坡上；若在光滑地面上架设仪器，要采取安全措施（如用细绳将脚架三条腿连接起来），防止脚架滑动摔坏仪器。

（2）在三脚架安置稳妥之后，通过调整脚架架腿的长短，使架头保持大致水平；安装仪器时，松开仪器的制动螺旋，双手紧握住仪器支架或底座，轻放置于三脚架上，一手紧握仪器，一手拧紧连接螺旋，以防仪器掉落。

1.3.4 测量仪器的使用

（1）仪器安置好后，不管是否使用，都必须有人看护，以防止无关人员搬弄或行人、车辆的碰撞。

（2）作业前仔细全面检查仪器，确定其各项指标、初始设置等是否符合要求，再进行作业。

（3）镜头上的灰尘，应该使用仪器箱中的软毛刷轻轻拂去，或者使用专用镜头纸轻轻擦去，严禁用手指等擦拭，以免损坏镜头的镀膜。仪器用完后应及时套好镜头盖。

（4）在野外工作时，应该撑伞，防止日晒雨淋。若仪器不慎被雨水淋湿后，切勿通电开机，应用干净软布擦干并在通风处放置一段时间，待完全干燥后再开机。

（5）测距仪、电子经纬仪、电子水准仪、全站仪、GPS 信号接收机等电子测量仪器，在野外更换电池时，应先关闭仪器的电源；装箱之前，也必须先关闭电源，才能装箱。

（6）转动仪器时，应先松开制动螺旋，再平稳转动；使用微动螺旋时，应先旋紧制动螺旋。制动螺旋应松紧适度，微动螺旋和脚螺旋不要旋到顶端，使用各种螺旋都应均匀用力，要有"轻重感"，以免损伤螺纹。

（7）在使用中仪器若发生故障，应及时向指导老师汇报，由老师找专业人员进行维修，不可擅自拆卸仪器。

1.3.5 测量仪器的搬迁

（1）在行走不便的地区迁站或者远距离迁站时，必须将仪器装箱后再搬迁。

（2）短距离迁站时，可将仪器连同脚架一起搬迁：取下垂球，检查并旋紧仪器的连接螺旋，松开各制动螺旋使仪器保持初始位置（经纬仪望远镜物镜对向度盘中心，水准仪的水准器向上），收拢三脚架，左手握住仪器的基座或支架放在胸前，右手抱住脚架放在肋下，稳步行走。严禁斜扛仪器，以防碰摔。

（3）迁站时，小组其他人员应协助观测员带走仪器箱和有关测量工具。

1.3.6 测量仪器的装箱

（1）拆卸仪器时，应先将脚螺旋调至大致同高的位置，再一手扶住仪器，一手松开连接螺旋，双手取下仪器。

（2）仪器装箱前，应先将仪器上的灰尘及脚架上的泥土擦拭干净。

（3）仪器装箱时，松开各制动螺旋，按照取仪器时仪器的位置放好，再拧紧仪器各制动螺旋，然后清点所有附件和工具，若无缺失则将箱盖盖上，扣好搭扣、上锁。若合不上箱口，应打开检查，不可强行关闭。

1.3.7 测量工具的使用

（1）钢尺的使用：应防止扭曲、打折和折断，防止行人踩踏或车辆碾压，尽量避免尺身着水；携尺前进时，应将尺身提起，不得沿地面拖行，以防损坏刻画；用完钢尺应擦净、涂油，以防生锈。

（2）皮尺的使用：应均匀用力拉伸，用后及时收尺，避免着水、车压；如果皮尺受潮，应及时晾干。

（3）各种标尺、花杆的使用：应注意防水、防潮，防止横向受压，不能磨损尺面刻画的漆皮，不得将水准尺和花杆斜靠在墙上或电线杆上，以防倒下摔断。

（4）绘图板的使用：应注意保护板面清洁完好，不得乱写乱扎，不能施以重压。

（5）小件工具如垂球、测杆、尺垫等的使用：应用完即收，防止遗失。

（6）任何测量工具都应保持清洁，专人保管搬运，不能随意放置，更不能作为捆扎、抬、担等工具。

1.4　测量成果的记录、整理与提交

现场观测数据的准确性和真实性是内业数据处理的依据，因此在实验、实习中，要求学生必须按照操作规程进行正确的观测和记录，确保数据的准确和真实，为了保证测量成果的严肃性、可靠性，应该做到：

（1）在记录测量数据之前，先应该记录表头的仪器型号、日期、天气、测站、观测者记录者等信息。

（2）测量数据的记录与计算均用 2H 或 3H 铅笔进行，字迹清晰、字体端正、步骤清晰，字体大小约占记录格的一半，留出空隙更改错误。

（3）实验记录必须填写在规定的表格内，随测随记，不得凭记忆转抄，记录者应"回报"读数，以免听错记错。

（4）记录簿上禁止擦拭涂改与挖补数据，如记错需要改正时，应以横线或斜线划去，不得使原字模糊不清，正确的数字应写在原字的上方；已改过的数字又发现错误时，不准再改，应将该部分成果作废重测。

（5）要及时运用理论知识正确处理误差允许范围内的观测数据，对误差超限和错误的数据要及时发现、及时重测，避免出现误测、误记、漏记的现象，更不允许伪造数据。

（6）记录表格上规定的内容及项目必须填写，不得留有空白。

1.5　测量实验与实习中的常用规范

测量规范是测量工作的标准，它的发布与实施对加强测量管理，规范测量行为，提高测绘工作的现代化水平，促进测绘事业的发展具有十分重要的作用。在测量实验与实习中，所采用的技术标准是以测量规范为依据的。测量规范是指导测量各项工作以及测量实验与实习的指南，每一位进行测量实验和实习的同学都应认真学习有关测量规范，熟悉测量规范，严格遵守测量规范。常用的规范包括：

（1）《工程测量规范》（GB 50026—2007）

（2）《全球定位系统（GPS）测量规范》（GB/T 18314—2009）

（3）《1∶500　1∶1000　1∶2000 地形图数字化规范》（GB/T 17160—2008）

（4）《数字测绘产品检查验收规定和质量评定》（GB/T 18316—2008）

（5）《测绘技术总结编写规定》（CH/T 1001—2005）

第2章　测量学基础实验指导

本章根据非测量学专业教学大纲的要求，对部分实验内容进行了删减，将部分实验内容合并，共列出9项实验。每项实验的教学一般为4个学时，每个实验小组可分为3~5人，但应根据实验的具体内容以及实验设备条件灵活安排，以保证每个成员都能进行观测、记录及辅助工作等实践。

每项实验的记录表格均列在每次实验的后面，在实验中应做到随时观测、随时记录、随时计算检核，实验完成后，应将填写完整的观测记录表格裁剪下来，上交指导教师。

2.1　水准测量

2.1.1　基本知识

测量地面上各点高程的工作，称为高程测量。高程测量根据所使用的仪器和施测方法的不同分为水准测量、三角高程测量、气压高程测量和GPS高程测量等，其中水准测量是高程测量中最基本的和精度较高的一种测量方法。

水准测量就是利用一条水平视线，并借助水准尺，来测定地面两点间的高差，进而由已知点的高程推算出未知点高程的方法。如图2.1-1所示，设在地面A、B两点上竖立水准尺，在A和B两点间安置水准仪，利用水准仪提供一条水平视线，分别截取A、B两点视距尺上的读数a、b，可以得到

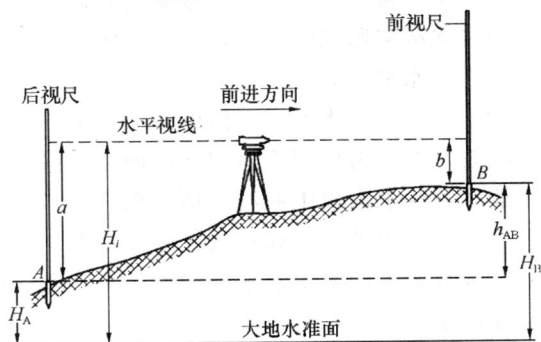

图 2.1-1　水准测量原理

$$H_A + a = H_B + b \tag{2.1-1}$$

式中，A点水准尺读数a称为后视读数，B点水准尺读数b为前视读数。

A、B两点的高差h_{AB}也可以写为

$$h_{AB} = a - b \tag{2.1-2}$$

若A点高程H_A已知，则由式（2.1-1）和式（2.1-2）可求出B点高程为

$$H_B = H_A + (a - b) = H_A + h_{AB} \tag{2.1-3}$$

如果A、B两点距离较远、高差较大或遇到障碍物使视线受阻，仅安置一站仪器不能完成观测任务时，可采取分段、连续设站的方法施测，在线路中间设置一些转点TP（临

时高程传递点，须放置尺垫）来完成测量工作。水准路线可分为闭合水准路线、附合水准路线和支水准路线三种。

如图 2.1-2 所示，可容易得到高程计算公式为

$$\begin{cases} h_i = a_i - b_i & (i=1, 2, \cdots, n) \\ h_{AB} = \sum h = \sum a - \sum b \\ H_B = H_A + h_{AB} \end{cases} \tag{2.1-4}$$

或

$$\begin{cases} TP_1 \text{ 高程：} H_1 = H_A + h_1 \\ TP_2 \text{ 高程：} H_2 = H_1 + h_2 \\ \qquad\qquad\vdots \\ \text{点 B 高程：} H_B = H_{n-1} + h_n \end{cases} \tag{2.1-5}$$

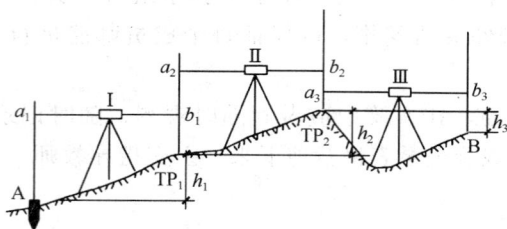

图 2.1-2 水准线路测量

水准测量的工具是水准仪，它主要由望远镜、水准器、基座三部分组成。按仪器精度分，有 DS_{05}、DS_1、DS_3、DS_{10} 四种型号的仪器。D 和 S 分别为"大地测量"和"水准仪"的汉语拼音第一个字母；数字 05、1、3、10 表示每千米该仪器往返测量平均值的中误差，单位为毫米（mm）。DS_{05}、DS_1 型适用于精密水准测量，DS_3、DS_{10} 型适用于普通水准测量。按结构分为微倾水准仪、自动安平水准仪和激光水准仪。

（1）微倾水准仪：借助微倾螺旋获得水平视线。其管水准器分划值小、灵敏度高。望远镜与管水准器联结成一体。凭借微倾螺旋使管水准器在竖直面内微做俯仰，符合水准器居中，视线水平。

（2）自动安平水准仪：借助自动安平补偿器获得水平视线。当望远镜视线有微量倾斜时，补偿器在重力作用下对望远镜做相对移动，从而迅速获得视线水平时的标尺读数。这种仪器较微倾水准仪工效高、精度稳定。

（3）电子水准仪：利用激光束代替人工读数。将激光器发出的激光束导入望远镜筒内使其沿视准轴方向射出水平激光束。在水准标尺上配备能自动跟踪的光电接收靶，即可进行水准测量。

2.1.2 实验目的

（1）熟悉水准仪的基本构造及主要部件的名称和作用；

（2）了解三脚架的构造和作用，熟悉水准尺的刻划、标注规律，尺垫的作用；

（3）掌握水准仪测量高差的基本步骤；

（4）掌握水准测量的闭合差检核与调整方法。

2.1.3 实验仪器

（1）实验室配备：水准仪 1 台，三脚架 1 个，水准尺 1 把，尺垫 1 个，记录板 1 块。

（2）自备：计算器 1 个，铅笔 1 支，橡皮 1 块，小刀 1 把。

2.1.4 实验内容

熟悉水准仪各部件的名称和作用，练习从安置水准仪、粗略整平、瞄准水准尺、精平

与读数整个操作流程，学习消除视差的方法，掌握闭合差的计算与调整步骤，每小组完成1次闭合水准路线或附合水准路线的测量，要求转点不少于4个，精度符合要求。

2.1.5 实验步骤

1. 安置仪器，熟悉水准仪的基本构造、各部件名称和作用

（1）选择坚固、平坦、空阔的地方打开三脚架，使三脚架的三条腿近似等距，架设高度应该适中，架头应该大致水平，架腿制动螺旋应该固紧；

（2）打开仪器箱，双手取出水准仪，将仪器小心地安置到三脚架顶面上，用一只手握住仪器，另一只手松开三脚架中心连接螺旋，将仪器固定在三脚架上；

（3）对照教材，观察仪器的各个部件的构造，熟悉各螺旋的名称和作用，试着旋拧各个螺旋以了解其功能。

2. 学习水准仪粗略整平、瞄准水准尺、精平与读数的操作流程

（1）粗略整平

粗略整平是借助圆水准器的气泡居中，使仪器竖轴大致铅直，从而使视准轴粗略水平。如图2.1-3（a）所示，气泡未居中而位于a处；则先按箭头所指方向，用双手相对转动脚螺旋①和②，使气泡移动到b的位置［图2.1-3（b）］；再左手转动脚螺旋③，即可使气泡居中。注意：在整平的过程中，气泡移动的方向与左手大拇指运动的方向一致。

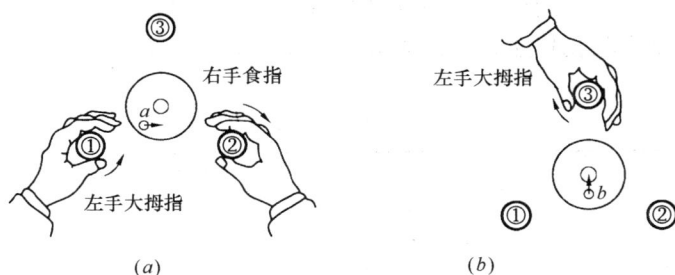

图2.1-3 粗略整平方法
（a）两个脚螺旋转动方向；（b）第三个脚螺旋转动方向

（2）瞄准水准尺

①将望远镜对着明亮的背景，转动目镜螺旋，使十字丝清晰；

②松开制动螺旋，转动望远镜，采用望远镜镜筒上面的照门和准星瞄准水准尺，然后拧紧制动螺旋；

③从望远镜中观察，转动物镜螺旋进行对光，使目标清晰，再转动微动螺旋，使竖丝对准水准尺；

④眼睛在目镜端上下微微移动，若十字丝与目标影响有相对移动，则应重新仔细地进行物镜对光，直到读数不变为止。

（3）精平

眼睛通过位于目镜左方的符合气泡观察窗看水准管气泡，右手转动微倾螺旋，使气泡两端的像吻合，即表示水准仪的视准轴已精确水平。

（4）读数

观察十字丝的中丝在水准尺上的分划位置，读取读数。

3．进行闭合或附合水准路线测量

（1）选定一条闭合或附合水准路线，长度以安置 4～6 个测站为宜，确定起始点及水准路线的前进方向；

（2）在起始点和第一个待定点分别立水准尺，在距该两点大致等距处安置仪器，按照粗略整平、瞄准水准尺、精平与读数的操作流程，分别观测后视读数和前视读数，计算高差 h_1，然后将仪器搬至第 1 和第 2 点的中间设站观测，得到 h_2，依次推进测出 h_3、h_4、…；

（3）根据已知点高程及各观测站的观测高差，计算水准路线的高差闭合差，并检查是否超限，如果超限，则应重新观测；如没有超限，则对闭合差进行分配，进而推算出各待测点的高程。

2.1.6 注意事项

（1）立尺时应站在水准尺后面，双手扶尺，使尺身保持竖直；

（2）前后视距可先由步数概量，使前、后视距大致相等；

（3）读取读数前，应仔细对光以消除视差；

（4）观测过程中不应进行粗平，若圆水准器气泡发生偏离，应整平仪器后重新观测，每次读数时都应进行精平；

（5）测量完毕后，应立刻检核，一旦误差超限，应立即重测；

（6）实验中严禁专门化作业，小组成员应轮换操作每一项工作。

2.1.7 记录表格

基 本 信 息

班　级		同组成员	
小　组		测站点号	
姓　名		天气状况	
学　号		观测时间	

实 验 记 录

测　站	点　号	后视读数（m）	前视读数（m）	高　差（m）	
				+	−
1	BM1				
	TP1				
2	TP1				
	TP2				
3	TP2				
	TP3				
4	TP3				
	TP4				
5	TP4				
	TP5				

续表

测　站	点　号	后视读数（m）	前视读数（m）	高　差（m）	
				+	−
6	TP5				
	TP6				
7	TP6				
	TP7				
8	TP7				
	BM2				

水准测量计算成果表

测　站	距离（m）	测得高差（m）	改正数（m）	改正后高差（m）	高程（m）
BM1	—	—	—	—	
1					
2					
3					
4					
5					
6					
7					
8					
BM2					
Σ				—	

附录 1　微倾式水准仪基本构造和功能介绍

附图 1-1 中为 DS_3 微倾式水准仪的结构示意图，其主要由望远镜、水准器和基座三部分组成，附图 1-2 为钟光 DS_3-Z 微倾式水准仪各部件名称。

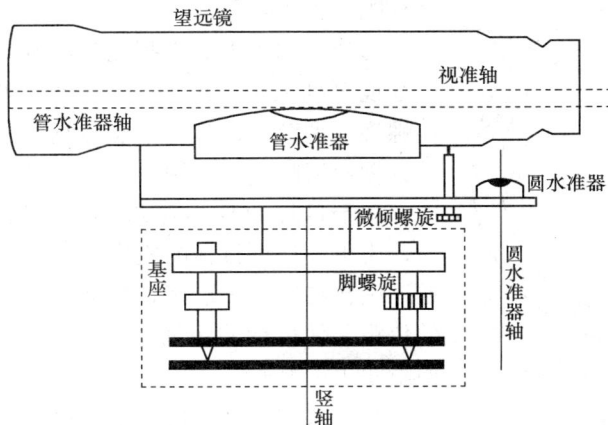

附图 1-1　DS_3 微倾式水准仪结构示意图

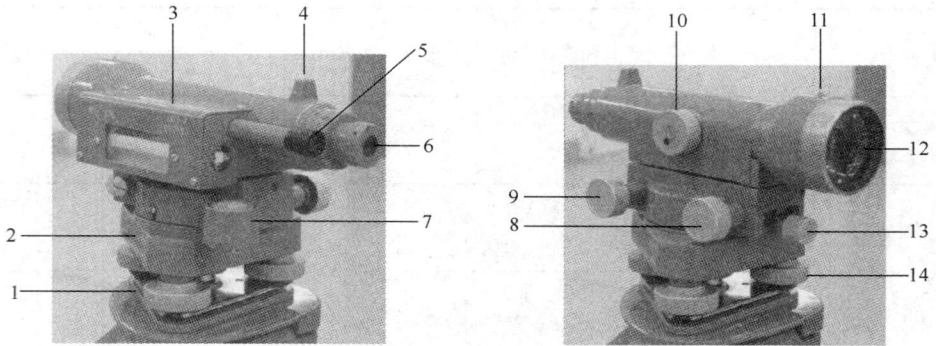

附图 1-2　钟光 DS₃-Z 微倾式水准仪的各部件名称

1—连接压板；2—基座；3—管水准盒；4—瞄准器；5—水准气泡观察窗；6—目镜；7—圆水准器；
8—水平微倾螺旋；9—微倾螺旋；10—调焦螺旋；11—准星；12—物镜；13—水平制动螺旋；14—脚螺旋

1. 望远镜的构造

望远镜主要用来瞄准水准尺并在水准尺上进行读数，其构造如附图 1-3 所示。

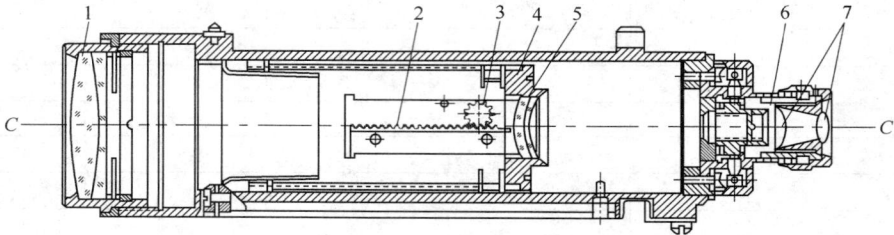

附图 1-3　DS₃ 微倾式水准仪的望远镜构造

1—物镜；2—齿条；3—调焦齿轮；4—调焦镜座；5—物镜调焦螺旋；6—十字丝分划板；7—目镜组

为了精确瞄准目标进行读数，望远镜里都安置了十字丝分划板，如附图 1-4 所示。竖丝用于瞄准目标，中间的横丝用来读取前、后视读数，上下两根与中丝平行的短丝用于测量视距，称为视距丝。

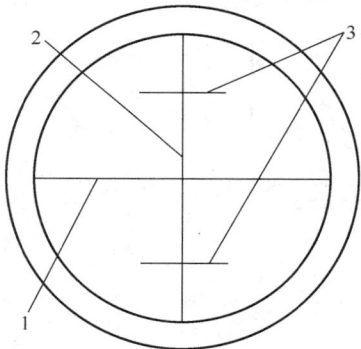

附图 1-4　十字丝分划板

1—十字丝横丝；2—十字
丝竖丝；3—视距丝

为使不同视力的人都能观测到清晰的目标，首先将望远镜对准天空（或明亮背景），然后旋转目镜上的调焦螺旋，调节目镜与十字丝分划板的距离，即可使十字丝分划板清晰，如附图 1-5 所示。

由于目标距仪器远近不同，所以成像位置有前有后，为了使远近目标的成像都落在十字丝分划板上，可通过旋转物镜调焦螺旋，移动调焦透镜，改变物镜的等效焦距，使目标的像清晰地落在十字丝分划板平面上，如附图 1-6 所示。

水准仪的望远镜可绕水准仪的竖轴在基座上水平转动，控制这一转动的是制动螺旋和微动螺旋。放松制动

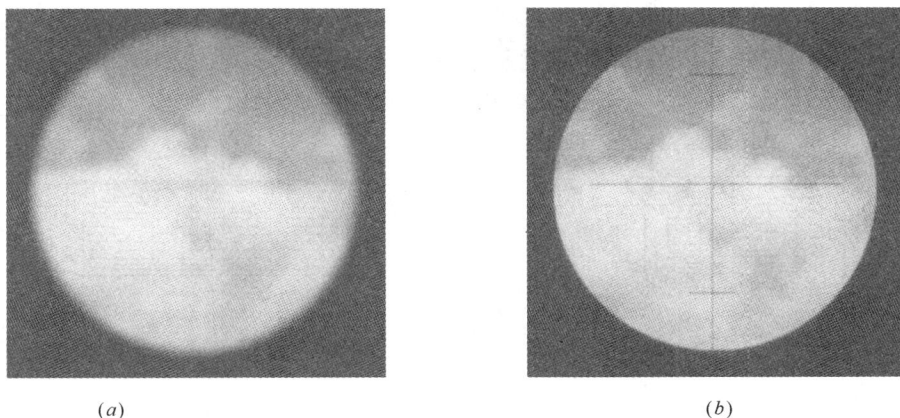

(a)　　　　　　　　　　　　　(b)

附图 1-5　十字丝调整前后对比

(a) 十字丝调整前；(b) 十字丝调整后

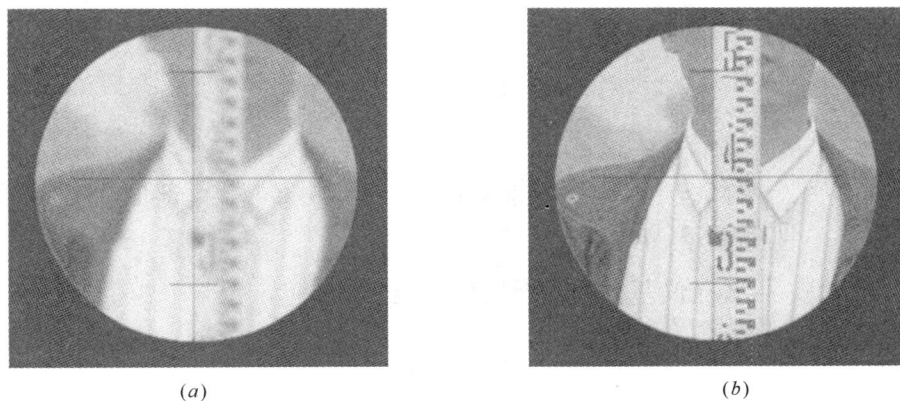

(a)　　　　　　　　　　　　　(b)

附图 1-6　调整前后目标像的对比

(a) 调整前目标的像；(b) 调整后目标的像

螺旋，望远镜便可转动，微动螺旋此时不起作用；旋紧制动螺旋，望远镜则被固定，此时，旋转微动螺旋可使望远镜在水平方向上做微小转动。利用制动螺旋和微动螺旋，可使望远镜精确地照准目标。

2. 水准器

水准器包括圆水准器和管水准器。

圆水准器是一个内壁顶面为球面的玻璃圆盒，如附图 1-7 所示。球面的正中有圆分划圈，分划圈的中线为圆水准器的零点，通过零点的球面法线称为圆水准器轴，当气泡居中时，圆水准器处于铅垂状态。圆水准器的分划值一般为 $8'\sim10'$，精度较低，一般只用于粗略整平。

管水准器是将一个纵向内壁顶面磨成一定半径圆弧的玻璃管，管内装满酒精和乙醚的混合液，加热融封冷却后在管内形成一个空隙，如附图 1-8 所示。水准管圆弧对称点 O 称为水准管的零点，当气泡两端以零点为中心对称时，称为气泡居中，此时水准管轴处于水平位置。如果视准轴与水准管轴平行，则视准轴亦处于水平位置。管水准器的分划值一般为 $20''/2\text{mm}$，精度较高，一般用于精确整平。

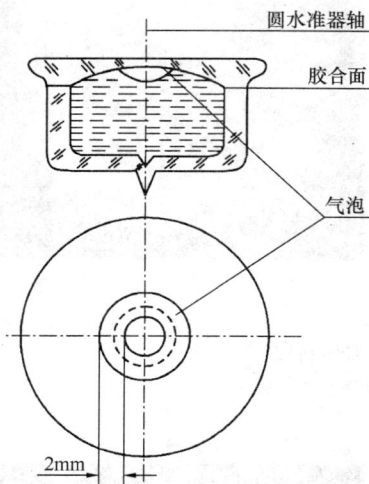

附图 1-7　圆水准器

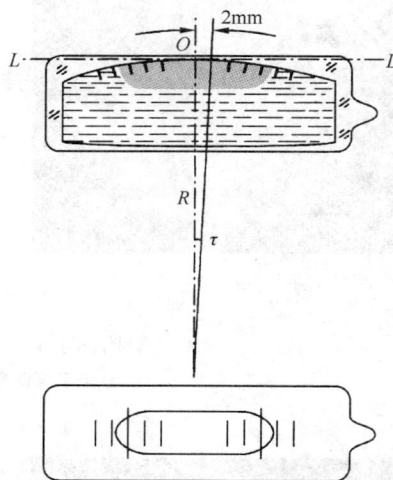

附图 1-8　管水准器

3. 基座

基座由轴座、脚螺旋、三角压板和底板构成，其作用是支撑上部仪器并连接三脚架，通过旋转基座上的 3 个脚螺旋可整平仪器。

附录 2　自动安平水准仪基本构造和功能介绍

自动安平水准仪与微倾式水准仪外形相似，操作也十分相似，这里就不再一一介绍。两者区别在于：（1）自动安平水准仪的机械部分采用了摩擦制动（无制动螺旋）控制望远镜的转动；（2）自动安平水准仪的在望远镜的光学系统中装有一个自动补偿器，代替管水准器起到自动安平的作用，当望远镜视线有微量倾斜时补偿器在重力作用下对望远镜做相对移动，从而能自动且迅速地获得视线水平时的标尺读数。

自动安平水准仪由于没有制动螺旋、管水准器和微倾螺旋，在观测时候，在仪器粗略整平后，即可直接在水准尺上进行读数，因此自动安平水准仪的优点是省略了"精平"过程，从而大大加快了测量速度。

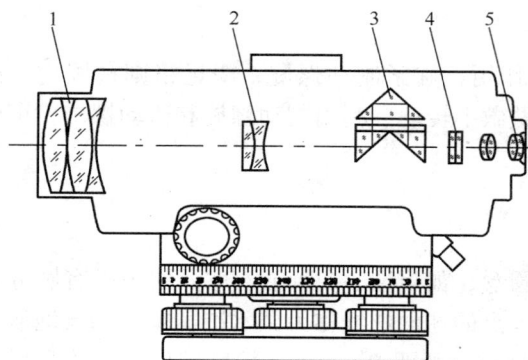

附图 2-1　自动安平水准器的结构示意图

1—物镜；2—物镜调焦透镜；

3—补偿器棱镜组；4—十字丝分划板；5—目镜

附图 2-1 为自动安平水准器的结构示

意图，附图 2-2 为苏一光 NAL124 自动安平水准仪的各部件名称。

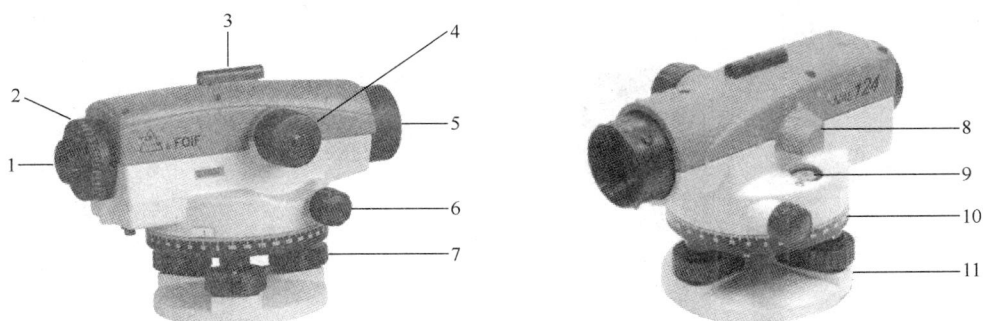

附图 2-2 苏一光 NAL124 自动安平水准仪的各部件名称

1—目镜；2—目镜调焦螺旋；3—粗瞄器；4—调焦螺旋；5—物镜；
6—水平微动螺旋；7—脚螺旋；8—反光镜；9—圆水准器；10—刻度盘；11—基座

附录3 电子水准仪基本构造和功能介绍

电子水准仪又称数字水准仪，是在自动安平水准仪的基础上发展起来的。它采用条码标尺，各厂家标尺编码的条码图案不相同，不能互换使用。目前照准标尺和调焦仍需目视进行。人工完成照准和调焦之后，标尺条码一方面被成像在望远镜分划板上，供目视观测；另一方面通过望远镜的分光镜，标尺条码又被成像在光电传感器（又称探测器）上，即线阵 CCD 器件上，供电子读数。因此，如果使用传统水准标尺，电子水准仪又可以像普通自动安平水准仪一样使用。不过这时的测量精度低于电子测量的精度。

电子水准仪一般由基座、水准器、望远镜及数据处理系统组成，它的光学系统和机械系统及自动安平水准仪基本相同，其原理和操作方法也大致相同，只是读数系统不同。因各种电子水准仪操作方式大同小异，这里仅给出天宝 DiNi 电子水准仪的基本操作流程。

电子水准仪的主要特点是：

（1）操作简捷，实现了观测读数、记录、计算、显示的一体化，避免了人为误差；

（2）整个观测过程在几秒钟内即可完成，从而大大减少观测错误和误差；

（3）仪器的中央处理器配有专用软件，可将观测结果通过 I/O 接口输入计算机进行后处理，实现测量工作自动化和流水线作业，大大提高功效；

（4）除进行高程测量外，数字水准仪还可以进行水平角测量、距离测量、坐标增量测量、水平网的平差计算等。

1. 天宝 DiNi 电子水准仪

（1）各部件的名称（附图 3-1）

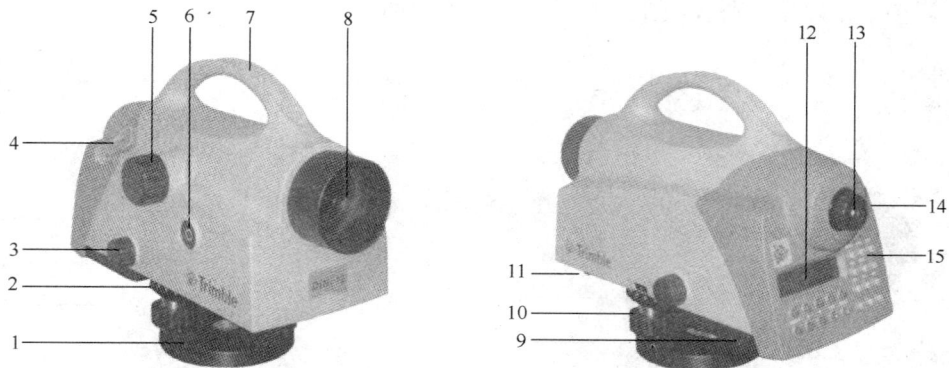

附图 3-1　天宝 DiNi 电子水准仪的各部件名称

1—基座；2—刻度盘；3—微动螺旋；4—圆水准器；5—调焦螺旋；6—测量快捷键；

7—提手；8—物镜；9—PCMCIA 卡插槽；10—脚螺旋；11—电池锁扣；12—显示屏；

13—目镜；14—水平气泡观察窗；15—操作键

（2）屏幕和键盘功能介绍

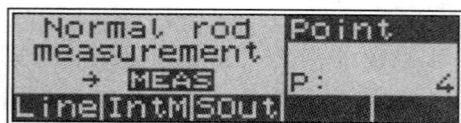	屏幕左上方：已测量的数据信息 屏幕右上方：下一个要测量点的信息 屏幕左下方：Line：水准路线测量模式 　　　　　　IntM：中间点测量模式 　　　　　　SOut：放样模式
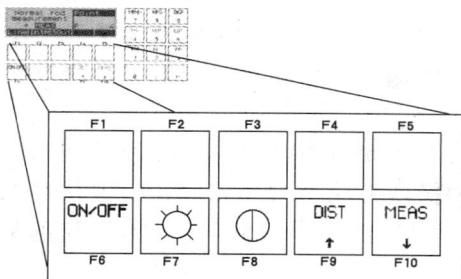	F1～F5（功能键）：对应着按键上方显示的功能 F6（ON/OFF）：电源开/关 F7：屏幕背景光开/关 F8：屏幕对比度调节 F9：距离测量（不记录） F10：测量并记录
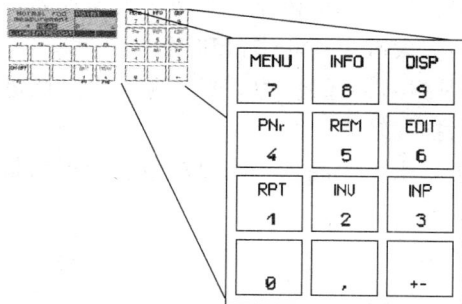	当处于主测量显示屏时数字键有以下功能： RPT：重复测量模式 INV：倒尺测量 INP：输入尺子读数 PNr：输入点号 REM：输入记忆代码 EDIT：编辑功能 MENU：仪器设置等 INFO：一般信息 DISP：相关显示

14

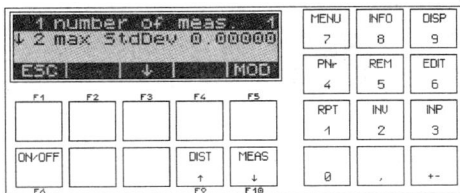

`↑1 number of meas.    1`
`↓2 max StdDev 0.00000`
`ESC  │  ─  │  ↓  │  │ MOD`
MENU(7) INFO(8) DISP(9)
PN↓(4) REM(5) EDIT(6)
RPT(1) INV(2) INP(3)
ON/OFF │ │ DIST │ MEAS
0 , +-
	RPT（数字键 1）：
	（1）设置每次测量重复次数；
	（2）设置重复次数测量后的最大标准误差。
	注：如果测量时的误差超过用户设置的最大误差，仪器将会提示。

`inverted rod`
`to be set ?`
`NO │ │ │ │ YES`
MENU(7) INFO(8) DISP(9)
PN↓(4) REM(5) EDIT(6)
RPT(1) INV(2) INP(3)
ON/OFF │ │ DIST │ MEAS
0 , +-
	INV（数字键 2）：
	如果设置仪器立尺人把尺子倒过来，可以设置仪器读数并获得尺子上方的高程，屏幕变化如下所示：
	
	`normal rod to be set ?` → `Normal rod measurement  Point ↑  →MEAS  P: 4  Line│IntM│SOut`
	`inverted rod to be set ?` → `Inverted rod measurement  Point ↓  →MEAS  P: 4  Line│IntM│SOut`

`Input horiz. reading`
`R = [0.000] m`
`ESC │ │ │ ← │ o.k.`
MENU(7) INFO(8) DISP(9)
PN↓(4) REM(5) EDIT(6)
RPT(1) INV(2) INP(3)
ON/OFF │ │ DIST │ MEAS
0 , +-
	INP（数字键 3）：
	允许手工输入数据。当立尺人扶尺时，操作仪器的人可以从照准部读出尺子的读数；然后估算出距离和读数，再像普通仪器记录一样手工输入到仪器内存中。
	
	`Input distance  HD = [0.000] m  ESC│DR│ │ │ o.k.`　`Input horiz. reading  R = [0.000] m  ESC│ │ │ │ o.k.`

`Input indiv. PNo`
`[         4]`
`ESC │ ABC │ cPNo │ ← │ o.k.`
MENU(7) INFO(8) DISP(9)
PN↓(4) REM(5) EDIT(6)
RPT(1) INV(2) INP(3)
ON/OFF │ │ DIST │ MEAS
0 , +-
	PNr（数字键 4）：
	允许输入点号。有两种类型：cPNo&iPNo。
	（1）CPNo：输入当前点号并且可以自动增加点号；
	（2）IPNo：输入点号但它是独立点，下一个继续 CPNo 输入的点号并自动增加。
	
	`Input current PNo  [         4]  ESC│ABC│iPNo│←│o.k.`　`Input indiv. PNo  [         4]  ESC│ABC│cPNo│←│o.k.`

`Input point code  .AB`
`[         125]  CDE`
`ESC │ abc │ REM │ ← │ o.k.  FGH`
MENU(7) INFO(8) DISP(9)
PN↓(4) REM(5) EDIT(6)
RPT(1) INV(2) INP(3)
ON/OFF │ │ DIST │ MEAS
0 , +-
	REM（数字键 5）：
	允许使用者输入正在测量点的代码（用于记忆和保存）。
	注：一旦代码被输入，它会一直保持，直到再次修改。

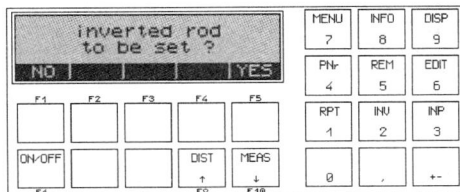

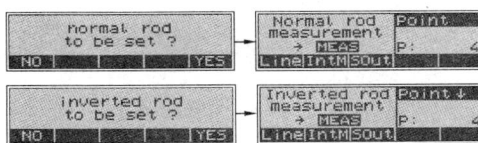

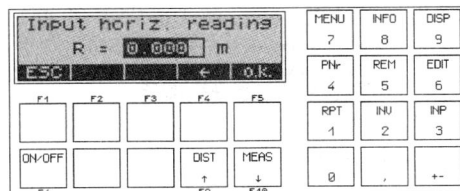

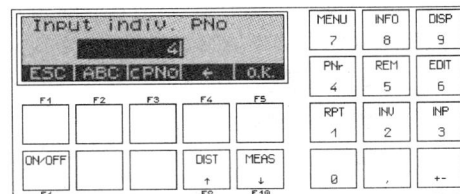

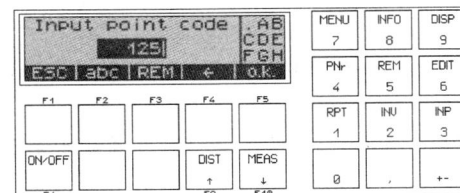

续表

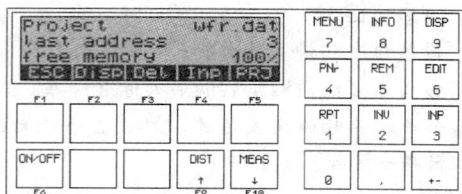

EDIT（数字键 6）：

一个单一的编辑功能。

Esc：退出这个屏幕

Disp：显示每行数据的信息

Del：从内存中删除信息

Inp：允许输入数据到内存

PRJ：项目键

MENU（数字键 7）：

仪器设置和功能。

（1）输入

Max dist：最大测量距离

Min sight：输入最小视高

Max diff：输入在线路测量中一测站最大偏差

Refr coeff：允许用户输入大气折射率参数

Vt offset：输入尺子读数的改正数。

Date：设置日期

Time：设置时间

（2）调节

调节仪器选项可以让用户运行"peg test"。用户可以选择不同的方法来得到正确的改正数。

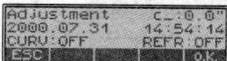

（3）数据传输

Interface 1：选择端口 1（可能是 PC 电脑）

Interface 2：选择端口 2（可能是打印机）

PC Demo：可以和电脑连接，电脑显示屏和仪器显示将是同步的

Update/service：软件更新（须和特定的软件连接）

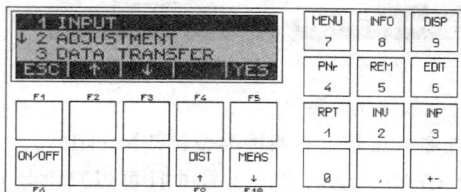

续表

（4）记录

```
  1 RECORDING OF DATA
↓ 2 PARAMETER SETTING
ESC   ↑    ↓      YES
```

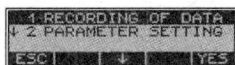

①Recording of data：数据纪录

Remote Control：设置记录数据到外部电脑

Record：记录数据到哪里

Rod Readings：当记录时，记录数据的那些选项，测量原始数据（RM），或者计算数据（RMC）

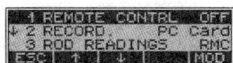

```
↓ 1 REMOTE CONTRL   OFF
↓ 2 RECORD.     PC Card
  3 ROD READINGS    RMC
ESC   ↑    ↓      MOD
```

PNo

Increment：点号自动增加步长

Time：测量时间记录开关

```
  4 PNo INCREMENT     1
↑ 5 TIME             ON
  1 REMOTE CONTRL   OFF
ESC   ↑    ↓      MOD
```

②Parameter settings：设置数据记录时通信参数（协议和波特率）

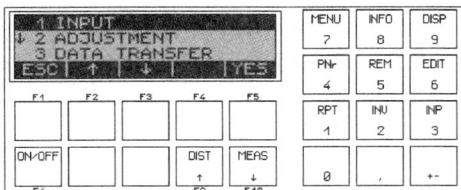

```
  1 INPUT
↓ 2 ADJUSTMENT
  3 DATA TRANSFER
ESC   ↑    ↓      YES
```

MENU 7	INFO 8	DISP 9
PN↓ 4	REM 5	EDIT 6
RPT 1	INV 2	INP 3
0	,	+–

F1 F2 F3 F4 F5

ON/OFF　　　DIST MEAS

F6　　　　F9 F10

（5）仪器设置

Height Unit：测量高程的单位和记录到内存的单位

Input Unit：手工输入单位

Display resolution：最小显示单位

```
  1 HEIGHT UNIT       m
↓ 2 INPUT UNIT        m
  3 DISPLAY R 0.00001m
ESC   ↑    ↓      MOD
```

Shut Off：自动关机时间

Sound：蜂鸣开关

Language：语言设置

```
  4 SHUT OFF    10 min
↑ 5 SOUND          ON
  6 LANGUAGE    E_330
ESC   ↑    ↓      MOD
```

Date：日期格式

Time：时间格式

（6）测段平差

测段平差可以对闭合路线和附和路线进行平差。

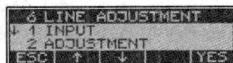

```
  6 LINE ADJUSTMENT
↓ 1 INPUT
  2 ADJUSTMENT
ESC   ↑    ↓      YES
```

注：被平差过的信息会被永久保存起来，因此在平差之前要下载原始数据。

续表

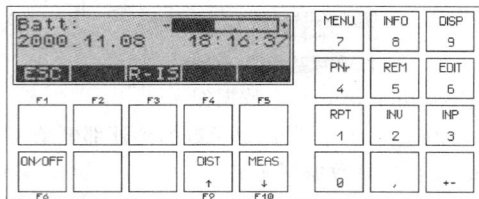

	INFO（数字键 8）： 一些和水准相关的信息。
	DISP（数字键 9）： 当有更多信息要显示时，用户可以按此键来显示相关的不同信息。

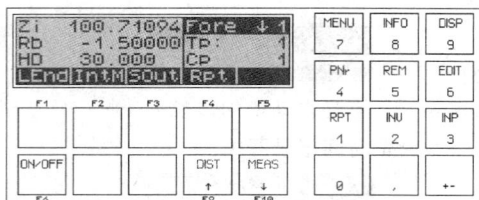

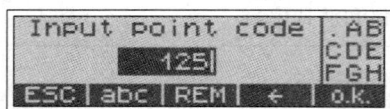

数字和字母输入转换

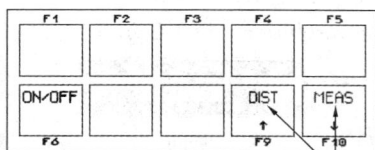

不同字母和符号键的滚动

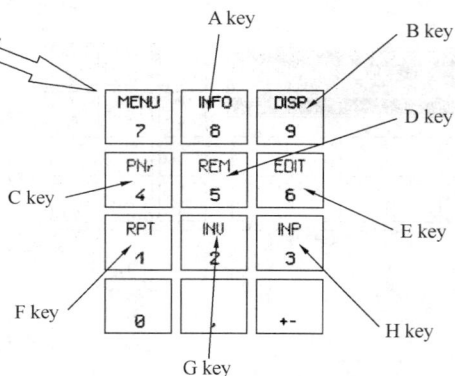

（3）测量基本操作流程

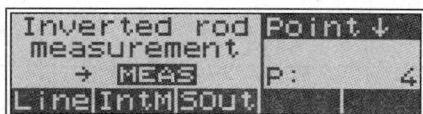

	1）观测一条线段：Line ①按下在线路测量 Line 屏幕下的箭头所指的按键；
	②按下新建路线 newline；

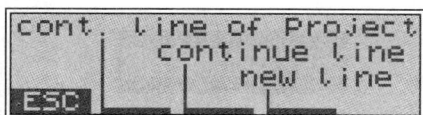

续表

Input line number 2 ESC | ABC |　←　| o.k.	③输入路线号。一个路线号是项目文件下一个水准环的标示，在一个项目文件下可以有不同的路线号；
Sequence of measurem. BF　　　　　BF..BF MOD |　|　↑↓　| o.k.	④选择需要的测量模式（BF、BFFB、BBFF、BFBF）；
Inp benchmark height Z = 102.21094　m ESC | PRJ |　?　| o.k.	⑤输入后视点高程。如果想另外计算可以输入 0；
Inp point number 4 ESC | ABC |　←　| o.k.	⑥输入点号 BM；
Input point code　IJK 　　　　　　　　　LMN 　　　　　　　　　OPQ ESC | abc |　←　| o.k.	⑦根据需要，可以输入代码； ⑧按下测量键 MEASURE，可以开始测量；
Z　102.21094 Back　↓1 　　　　　　　　Tp:　　1 　　　　　　　　P:　　4 LEnd	⑨测量的结果显示。
Backsight 1　Fore　↓1 Rb　-1.85600 Tp:　　1 HD　38.500　Cp:　　1 LEnd|IntM|SOut| Rpt	Rb：后视尺子的读数 HD：测量的距离 Tp：用户所处的转点数 Cp：当前点号（控制点或者后视）
Batt:　　-■■■■+ 2000.11.08　　19:48:12 Db　38.50 Df　　40.00 ESC |　| R-IS |	2）观测和中断测段测量 ①显示水准环测量中按键显示的界面。
Foresight 1　Back　↓1 Rf　-1.23400 Tp:　　2 HD　40.000　Cp:　　1 LEnd|IntM|SOut| Rpt	②当前视观测结束后，就可以换站了。用户可以把水准仪关闭后再换站，当重新打开仪器后，可以直接就进入刚才所在的地方，并且可以继续先前的水准路线测量。

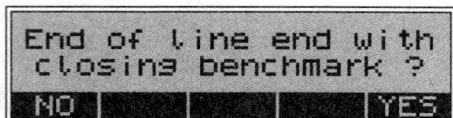

③当观测任务结束且已经观测了最后的闭合点，用户此时可以按下测段结束键 YES，即完成了一整条测段的观测。此时，可看到已知点高程、点号和代码，进而得到计算结果。

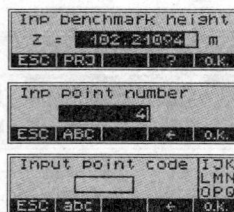

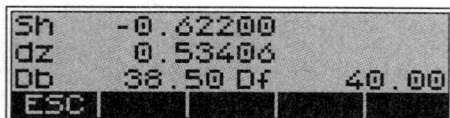

End of line end with closing benchmark ?	
NO	YES

Inp benchmark height
Z = 102.24094 m
ESC PRJ ? o.k.

Inp point number
4
ESC ABC ← o.k.

Input point code IJK LMN OPQ
ESC abc ← o.k.

Sh：起始点和终点的高程之差。如果起始点高程是 635，终点的高程是 634，则 Sh 就是 -1.00。

Sh -0.62200	
dz 0.53406	
Db 38.50 Df	40.00
ESC	

dz：如果测量的是闭合环，这个值就是最后一点的高程（用户输入的）和仪器测量所得的高程之差。

Db：后视点距离的总和。

Df：前视点的距离的总和。

Inverted rod Point↓ measurement → MEAS P: 4	
Line IntM SOut	

3）支点测量：IntM

①按 IntM 对应的按键；

Inp benchmark height Z = 0.00000 m	
ESC PRJ ? o.k.	

②输入测点的高程；

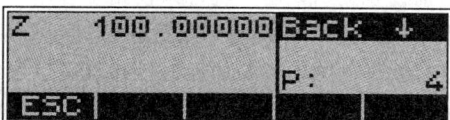

Z 100.00000 Back ↓ P: 4	
ESC	

③测量后视；

`R      -1.50000` `Back ↓` / `HD   22.000` `P:     4` / `ESC              o.k.`	④按下 o.k. 来确认测量设置完毕;
`Inverted rod IntM ↓` / `measurement` / `→ MEAS    P:     1` / `ESC`	⑤开始测量;
`Z   99.00400 IntM` / `h   -0.99600` / `HD   31.450  P:     2` / `ESC          Rpt`	⑥当进行中间点测量时,测完中间点后这个屏幕可以显示,且所有数据都同时记录在内存中。
`Inverted rod Point↓` / `measurement` / `→ MEAS    P:     4` / `Line IntM SOut`	4)放样:SOut ①按下 SOut 对应的键开始放样;
`Inp benchmark height` / `Z = 0.00000    m` / `ESC PRJ    ?    o.k.`	②输入后视点高程;
`Z  100.00000 Back ↓` / `P:     4` / `ESC`	③照准后视并测量;
`R      -1.50000 Back ↓` / `HD   22.000  P:     4` / `ESC              o.k.`	④按下 o.k. 键确认;
`Input nominal elev.` / `Z = 102.12300   m` / `ESC PRJ    ?    o.k.`	⑤仪器要求用户输入一个标准的高程,这个高程就是设计和需要测量的点的高程;
`Z  102.12300 SOut` / `-1.1230` / `P:     1` / `ESC`	⑥测量这个点;
`Z   98.64900 SOut` / `dz   3.47400  -0.6230` / `HD   33.000  P:     1` / `ESC              o.k.`	⑦得到放样结果:Z 为测量得到的高程,dz 为需要挖掘或填充的高程;HD 为水平距离。

（4）数据的传输和下载

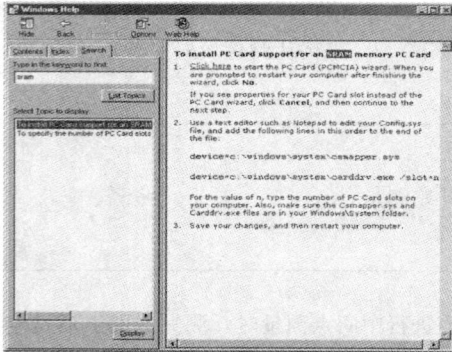

1）从 PCMCIA 卡下载数据

①在微软浏览器中，通过帮助菜单，可以发现仪器的 PCMCIA 的驱动设置；

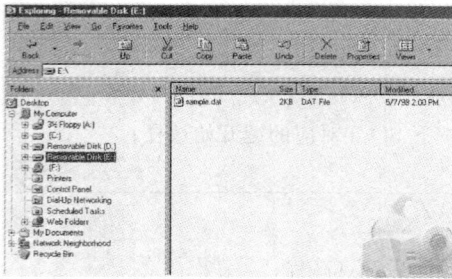

②当用户的计算机安装完 PCMCIA 卡的驱动支持后，就可以从浏览器中将数据点击和拖放到用户指定的目录中。

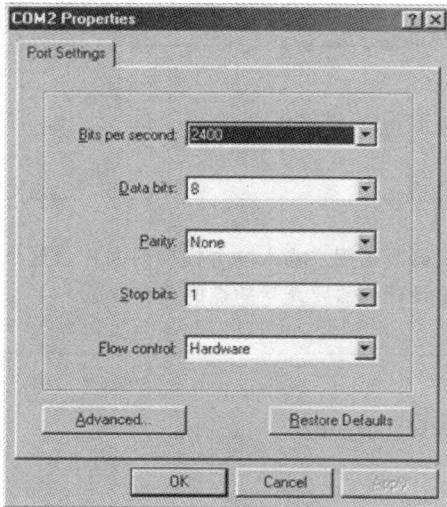

2）从 RS232 串口下载数据

①超级终端的设置

连接时使用的端口：Com1（或者通过电缆连接其他端口）

波特率：9600

数据位：8

奇偶检较：None

停止位：1

流量控制：Xon-Xoff

注：设置了传输参数后，最好创建一个桌面的快捷方式。

②在电脑上的设置

A. 点击超级终端或者快捷方式；

B. 从数据传输菜单中选择下载捕获文本文件的方式；

C. 给出文件名和路径；

D. 即已经准备好接受数据了。

③电子水准仪的设置

A. 按下菜单键（数字键7）；

B. 选择数据传输；

C. 选择端口 2（假设端口 1 可能接在打印机上，端口 2 接在计算机上）；

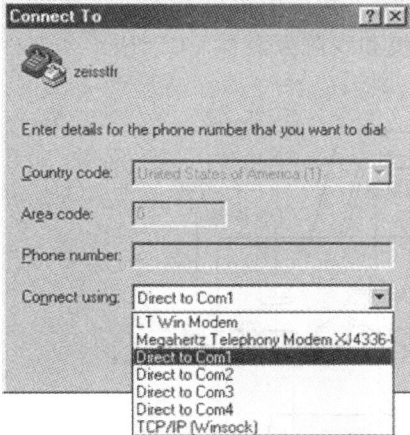

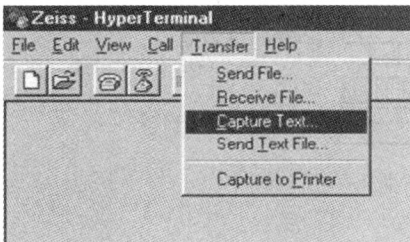

	D. 选择 Dini – Periphery（电子水准到外围设备）来下载数据； 注：通讯参数可以在此时的屏幕上修改，应设为如下参数： Format：REC＿E Protoc：Xon/Xoff Baud：9600 Parity：none StopBit：1 Timeout：10s Linefeed：Yes
	E. 选择您要传输的数据（例如：所有 all）；
	F. 选择 YES 开始传输数据。
	3）数据文件格式 ①数据文件在电子水准下以文件形式保存，且可以在任何文本编辑器中编辑，因此没有必要来修改文件格式。 ②DiNi 水准仪有两种不同的数据格式：REC＿E（M5）和 REC500。

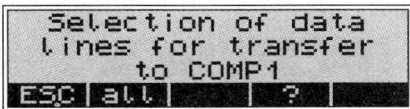

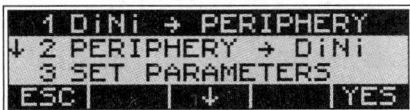

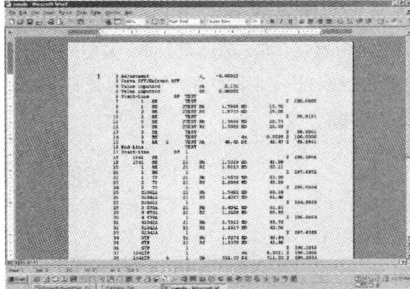

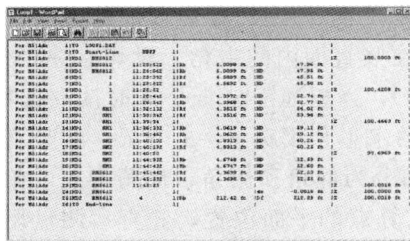

2. 徕卡 DNA3003 中文数字水准仪

附图 3-2 为徕卡 DNA3003 电子水准仪结构示意图，从图中可以看到电子水准仪较自动安平水准仪多了调焦发送器、补偿器监视、分光镜和线阵探测器 CCD 这 4 个部件。附图 3-3 为各部件的名称。

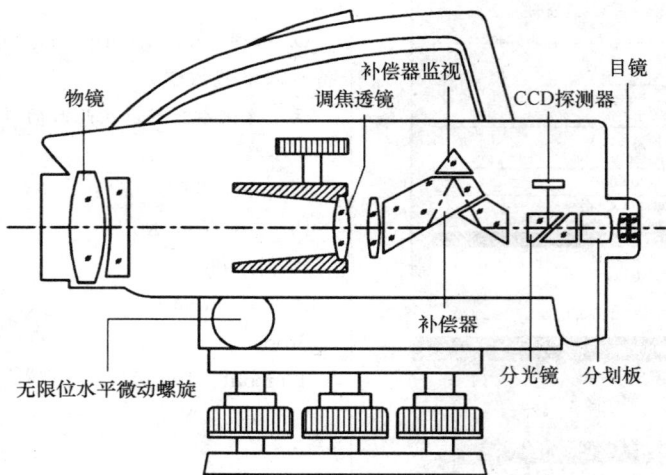

附图 3-2 徕卡 DNA3003 电子水准仪结构示意图

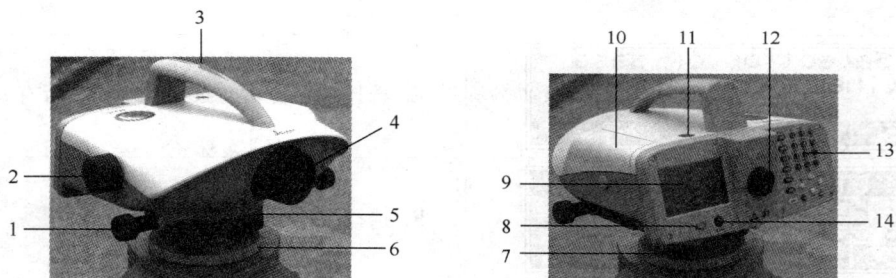

附图 3-3 徕卡 DNA3003 电子水准仪的各部件名称

1—无限位微动螺旋；2—调焦螺旋；3—带粗瞄器的提手；4—物镜；5—刻度盘；6—基座；

7—脚螺旋；8—开关；9—显示屏；10—PCMCIA 卡插槽盖板；11—圆水准器；12—目镜；

13—操作键；14—水平气泡观察窗

2.2 角度测量

2.2.1 基本知识

在确定地面点位置的时候，经常需要进行角度测量。角度测量包括水平角测量和竖直角测量。如图 2.2-1 所示，水平角指两个方向线在水平面 P 上的投影形成的夹角，竖直角指某一方向线与此方向对应的水平方向线之间，在竖直面内的夹角。设想有一个仪器，仪器有水平度盘和竖直度盘，将水平度盘安置于点 O，当望远镜瞄准点 A 时读取读数 β_a，瞄准点 B 时得到读数 β_b，则 OA、OB 两个方向间的水平角度为 $\beta = \beta_b - \beta_a$；在竖直度盘上，视线与水平线的读数之差构成竖直角 α，竖直角分为仰角和俯角，仰角为正，俯角为负。竖直角度的范围为 $0° \sim 90°$。水平角测量用于求算点的平面位置，竖直角测量用于测定高差或将倾斜距离改化为水平距离。

角度测量最常用的仪器是经纬仪。按度盘刻划和读数方式的不同，可分为游标经纬仪、光学经纬仪和电子经纬仪，目前主要使用的是后两者，游标经纬仪已被淘汰；按"一测回方向观测中误差"这一精度指标，可分为 DJ_{07}、DJ_1、DJ_2、DJ_6 和 DJ_{15} 五个等级，D 和 J 分别为"大地测量"和"经纬仪"的汉语拼音首字母，目前较为常用的是 DJ_6 经纬仪。

为了消除仪器的一些误差，通常角度观测要采用盘左盘右的观测方式。盘左又称正镜，指竖直度盘位于观测者左侧；盘右又称倒镜，指竖直度盘位于观测者右侧。角度观测通常采用测回法和方向法两种形式。测回法适用于观测只有两个方向的角度测量，而方向法适用于观测含有两个以上方向的角度测量。

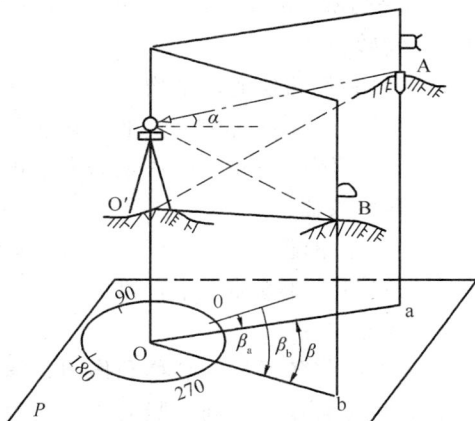

图 2.2-1　角度测量原理

1. 测回法观测水平角的方法

（1）如图 2.2-2（a）所示，盘左精确瞄准点 A，得读数 $a_左$，此过程需要调节照准部制动螺旋和微动螺旋精确照准目标。

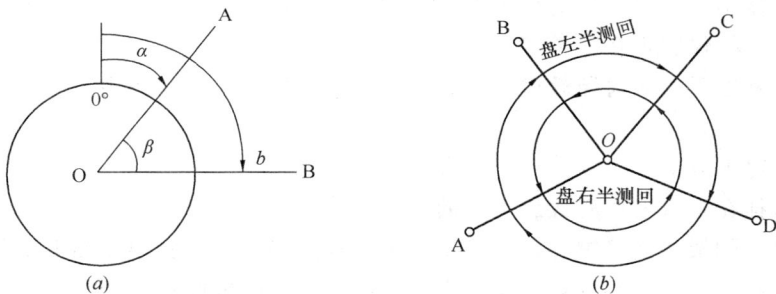

图 2.2-2　观测水平角的两种常用方法

（a）测回法观测水平角；（b）方向法观测水平角

（2）顺时针转动望远镜至方向 B，精确瞄准点 B，得读数 $b_左$，则有 $\beta_左 = b_左 - a_左$。步骤（1）和（2）称为上半测回。

（3）倒转望远镜，变成盘右，精确瞄准点 B，得读数 $b_右$，逆时针旋转望远镜至 A 方向，精确瞄准得读数 $a_右$，则有 $\beta_右 = b_右 - a_右$。此过程称为下半测回。

（4）检查上、下半测回角值互差是否超限，如符合要求，则一个测回的角值为 $\beta = (\beta_左 + \beta_右) / 2$。

2. 方向法观测水平角的方法

（1）方向法的观测程序与测回法基本相同，如图 2.2-2（b）所示，盘左顺时针依次观测 A、B、C、D、A 方向值，记录半测回观测中，两次照准起始方向并读取度盘读数，称为归零，其读数差值称为半测回归零差。

（2）盘右逆时针依次观测 A、D、C、B、A 方向值，并记录。如需观测 n 个测回，则

各测回应按 $180°/n$ 来设置水平读盘的初始位置。

2.2.2　实验目的

（1）熟悉经纬仪的基本构造及主要部件的名称和作用；

（2）掌握经纬仪对中、整平、瞄准和读数的操作要领；

（3）掌握测回法和方向法观测水平角的观测顺序、记录和计算方法。

2.2.3　实验仪器

（1）实验室配备：经纬仪 1 台，三脚架 1 个，视距尺 1 把，记录板 1 块。

（2）自备：计算器 1 个，铅笔 1 支，橡皮 1 块，小刀 1 把。

2.2.4　实验内容

熟悉经纬仪各部件的名称和作用；掌握经纬仪对中、整平、瞄准和读数的操作流程；小组之间相互合作，在前方竖立 4 把视距尺，以视距尺中线为瞄准目标方向，每个人轮流按测回法和方向法进行水平角的观测。

2.2.5　实验步骤

1. 架设仪器

（1）将三脚架打开，使三脚架的三腿近似等距，并使三脚架顶面近似水平，拧紧架腿上的三个固定螺旋；

（2）调整三脚架的位置，使三脚架的中心与测点近似位于同一铅垂线上，踏紧三脚架使之牢固支撑于地面上；

（3）将仪器小心安置到三脚架顶面上，用一只手握住仪器，另一只手松开三脚架中心连接螺旋，将经纬仪固定在三脚架上。

仪器架设好以后，应对照教材，熟悉经纬仪各部件的名称和作用。

2. 对中

（1）垂球对中方法

①将垂球挂在三脚架中心螺旋下面的挂钩上；

②稍微松开脚架的连接螺旋，双手扶住经纬仪基座，在三脚架顶面上平移仪器，使垂球精确对准测站点标志中心（对中误差小于 3mm），然后再拧紧连接螺旋；

③若超过最大移动范围，对中误差仍超限，则需要重新移动三脚架，直到符合要求为止。

（2）光学对中方法

光学对中器的视线垂直依赖于仪器的整平，因此采用光学对中器对中时，仪器的对中和整平是相互影响的，即对中和整平需要同时进行。

①使仪器中心大致对准地面测站点，旋转光学对中器的目镜，使分划板清晰，再拉伸对中器镜筒，使能看清地面上的测站点；

②踩紧操作者对面的三脚架腿，目视对中器的目镜，双手将其他两个架腿略微提起移动，使镜中分划板中心对准测站点，将两脚架腿轻轻放下并踩紧，镜中分划板十字丝中心与测站点若略有偏离，则可旋转脚螺旋使其重新对准；

③伸缩三脚架的架腿（架腿不要离地），使基座上的圆水准器气泡居中，即初步完成了仪器的对中与整平；

④整平水准管气泡，再观察对中器的目镜，若分划板十字丝中心与测站点又发生了偏离，则可略松开脚架的连接螺旋，平移基座使其精确对中（对中误差小于 1mm）。

3. 整平

（1）松开水平制动螺旋，转动仪器使管水准器平行于某一对脚螺旋的连线，按图 2.2-3（a）所示，转动脚螺旋，使管水准器气泡居中；

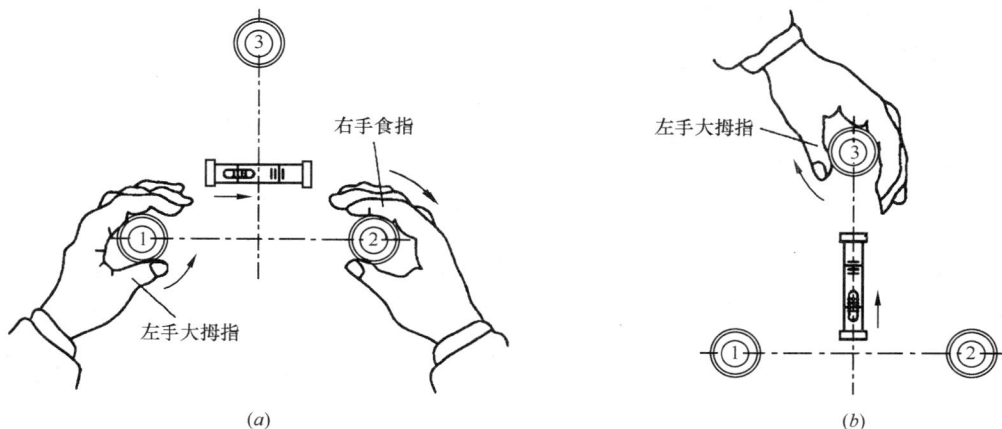

图 2.2-3　水准管整平方法

（a）两个脚螺旋转动方向；（b）第三个脚螺旋转动方向

（2）将仪器绕竖轴旋转 90°，按图 2.2-3（b）所示，转动另一个脚螺旋，使气泡居中；

（3）再次旋转仪器 90°，重复步骤（1）和（2），直至照准部旋转到任意位置，水准管气泡偏离不超过 1 格。

4. 瞄准

（1）将望远镜对准明亮地方，旋转目镜筒，使十字丝分划板清晰；

（2）利用粗瞄准器三角形标志的顶尖瞄准目标点，照准时眼睛与瞄准器之间应保留有一定距离；

（3）利用望远镜调焦螺旋使目标成像清晰；

（4）当眼睛在目镜端上下或左右移动发现有视差时，说明调焦或目镜屈光度未调好，应仔细调整目镜和物镜以消除视差；

（5）转动望远镜的微动螺旋，使目标被单根竖丝平分，或将目标夹在两根竖丝中央。

5. 读数

打开反光镜，调整照明反光镜的位置，使读数窗亮度适中，旋转读数显微镜的目镜使度盘与分微尺的影像清晰，然后练习测回法和方向法水平角观测的双测步骤。

2.2.6　注意事项

（1）经纬仪是精密仪器，使用时应谨慎小心，各螺旋使用时应有"轻重感"，如稍有阻滞感，应反方向适当旋转微动螺旋，然后放松制动螺旋重新瞄准目标，不能大幅度地、快速地转动照准部及望远镜。

（2）瞄准目标时，尽可能瞄准其底部，以减少目标由于倾斜所引起的误差。

（3）观测过程中，在同一测回间一般不允许重新整平，确实有必要时（如照准部水准管气泡偏离中心位置大于 1 格）应重新整平后重测该测回；不同测回之间允许重新整平仪器。

（4）电子经纬仪在装、卸电池时，应先关掉仪器的电源。

（5）使用光纤经纬仪前，应先检查自动归零补偿器是否打开、工作是否正常，使用结束后应关闭自动归零补偿器。

（6）每个小组成员应采用测回法和方向法，独立进行光学对中、整平、瞄准、读数和数据处理这一系列完整的操作。

2.2.7 记录表格

基 本 信 息

班　级		同组成员	
小　组		测站点号	
姓　名		天气状况	
学　号		观测时间	

实验记录——测回法测量水平角

测回	竖盘位置	目标	水平度盘读数（°′″）	半测回角值（°′″）	一测回角值（°′″）	各测回平均角值（°′″）
1	盘左	A				
		B				
	盘右	B				
		A				
2	盘右	A				
		B				
	盘左	B				
		A				

实验记录——方向法测量水平角

测回	目标	水平度盘读数 盘左（°′″）	水平度盘读数 盘右（°′″）	2c（″）	平均读数（°′″）	归零后方向值（°′″）	各测回归零方向值平均值（°′″）
1	A						
	B						
	C						
	D						
	A						
2	A						
	B						
	C						
	D						
	A						

附录 4　光学经纬仪基本构造和功能介绍

经纬仪的基本构造如附图 4-1 所示，主要由照准部、水平度盘和基座 3 部分组成。

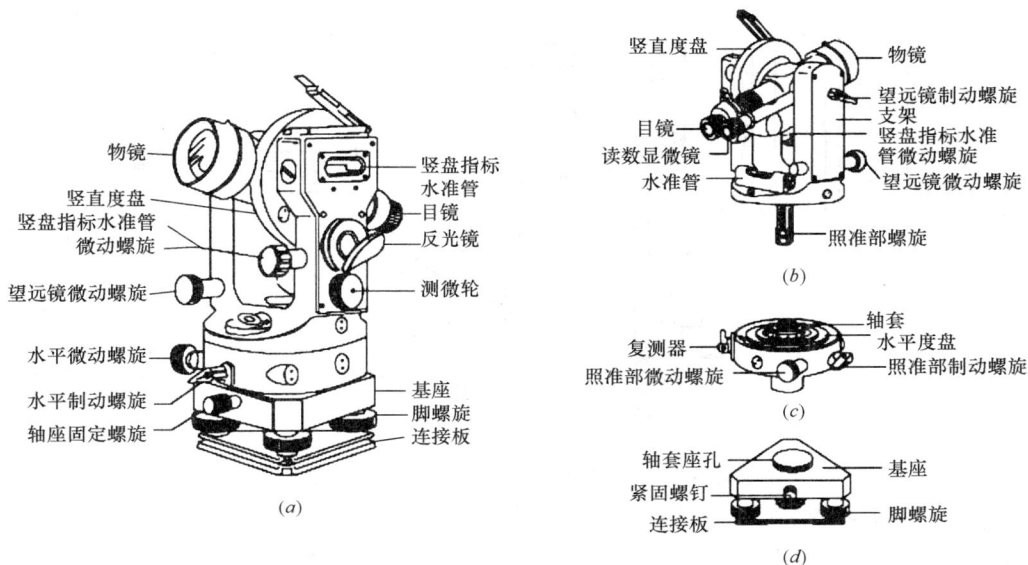

附图 4-1　DJ$_6$ 光学经纬仪

（a）经纬仪构造；（b）照准部；（c）水平度盘；（d）基座

照准部可绕竖轴旋转，同时望远镜可绕横轴旋转，支架上附有一竖直度盘和竖盘指标水准管。照准部旋转轴中心线称为竖轴，望远镜旋转轴中心线称为横轴。竖轴应垂直于横轴。照准部制动螺旋和微动螺旋用于精确照准目标。照准部水准管和圆水准器，用于使仪器精确置平。

水平度盘及竖直度盘均由玻璃制成，在边缘刻有分划。水平度盘通常分顺时针和逆时针刻划，刻划值范围一般为 0°～360°。经纬仪每 1°或 30′含有一个刻划，称为格值。当转动照准部，望远镜瞄准目标时，视准轴由一个目标转动到另一目标，此时读数所指示的水平度盘数值的变化即为两目标间的水平角度值。

基座是支撑仪器的底座。照准轴的旋转轴插入水平度盘筒状轴套内，并连同水平度盘筒状轴套插入仪器基座的轴套内，照准部可以在基座上水平旋转。基座上有 3 个脚螺旋，可用来整平仪器。通过基座用连接螺旋可将经纬仪固定在三脚架上。

1. 望远镜和水准器

望远镜用于精确瞄准远处的测量目标，与水准仪一样，经纬仪的望远镜也是由物镜、调焦透镜、十字丝分划板和目镜等组成。

经纬仪的水准器包括圆水准器和管水准器两种。

2. 水平度盘和竖直度盘

附图 4-2 为 DJ$_6$ 光学经纬仪竖直度盘构造示意图。竖盘固定在横轴的一端，当望远镜转动时，竖盘随望远镜在竖直面内一起转动。在竖盘上进行读数的指标位于读数窗内。竖盘指标水准管与竖盘转向棱镜、竖盘照明棱镜、显微物镜组固定在微动架上。竖盘分划的

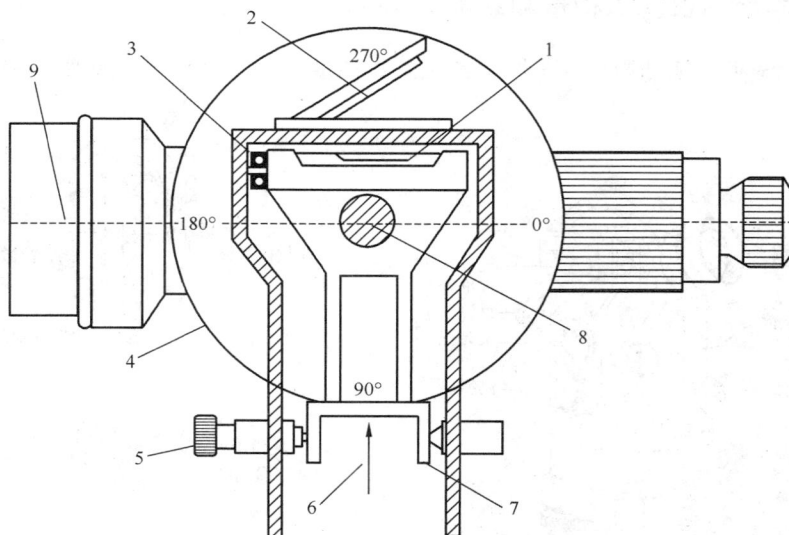

附图 4-2　DJ₆光学经纬仪竖盘构造示意图

1—竖盘指标水准管；2—反光镜；3—竖盘指标水准管校正螺旋；4—竖盘；5—竖盘指
标水准管微动螺旋；6—竖盘指标；7—微动架；8—横轴；9—视准轴

影像通过竖盘光路成像在读数窗内。望远镜转动时，传递竖盘分划光路的位置并不改变，所以可在读数窗内进行读数。但是，如果转动竖盘指标水准管微动螺旋，可使光路发生变化，从而使成像在读数窗上的竖盘部位发生变化，即读数发生变化。在正常情况下，当竖盘指标水准管气泡居中时，竖盘指标就处于正确位置。因此，每次竖盘读数前，应先调节竖盘指标水准管微动螺旋使气泡居中。竖盘注记方式分为按顺时针方向注记和按逆时针方向注记。

3. 读数系统

常见的光学经纬仪的读数设备包括分微尺测微器、单平板玻璃测微器和移动光楔测微器3种。

（1）分微尺测微器读数方法

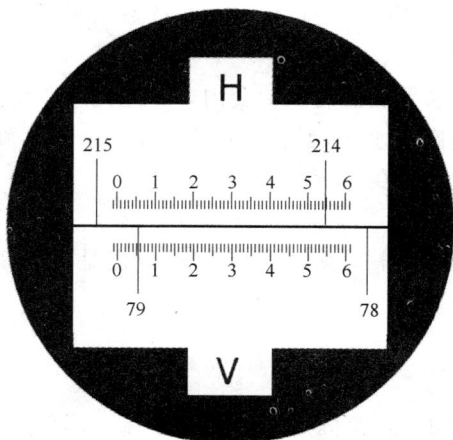

附图 4-3　DJ₆光学经纬仪分微尺测微器读数窗口

分微尺长度等于放大了的度盘上相邻分划线所对的圆心角（度盘的分划值或格值），即1°，分微尺被分成60个小格，每个小格代表1′，在小格区间可估读到0.1′。附图4-3为读数显微镜所看到的度盘和分微尺的影像，上面注有的"H"为水平度盘的读数窗，下面注有"V"为竖直度盘的读数窗。其中长线和大号数字为度盘上的分划线及注记。读数时，可先读出落在分微尺上的度盘分划线的注记（度数），然后再读出不足1°的角度值（分及分的0.1位）。图中所示的水平度盘读数为214°54′42″，竖直度盘的读数为 79°05′30″。

（2）单平板玻璃测微器读数方法

附图 4-4 为光学显微镜中的度盘和测微分划尺的像，其中顶部的读数窗为测微分划尺的像，中间的读数窗为竖盘的像，下面的读数窗为水平度盘的像。水平度盘和数值度盘的格值为 30′，上部的测微器一大格为 1′，一个大格中有 3 个小格，每个小格表示 20″。测角时，瞄准目标后，转动测微轮，使双指标线两侧的一条度盘分划线移动到双指标线的中间，然后读数。整度数以及整 30′ 角度可以根据被夹住的度盘分划线注记读出，不足 30′ 的读数从测微分划尺上读出。图中水平度盘的读数为 49°52′40″，竖直度盘的读数为 107°01′40″。

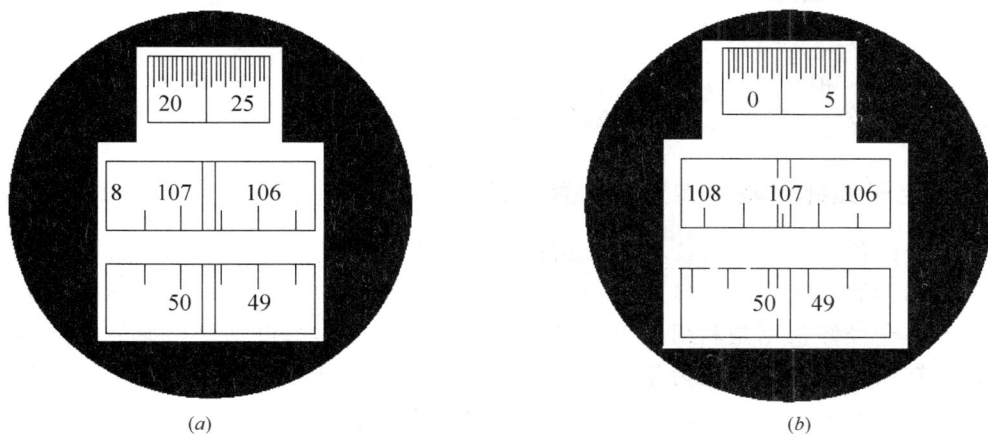

附图 4-4　DJ$_6$ 光学经纬仪单平板玻璃测微器读数窗口

（a）水平度盘读数窗口；（b）竖直度盘读数窗口

（3）移动光楔测微器读数方法

精度较高的 DJ$_2$ 光学经纬仪常采用这种读数装置，它利用度盘对径 180° 两条分划线影像的符合读数法。仪器度盘格值为 20′，从读数显微镜视场内可看到度盘对径分划线影像和测微器的影像，测微器的格值为 1″，可估读到 0.1″。DJ$_2$ 光学经纬仪水平和竖直度盘共用一条光路，因此，在经纬仪读数显微镜中只能看见水平度盘或竖直度盘一种影像，但可以用旋转度盘换像轮来切换，使两个度盘影像分别出现。

实际读数设备采用了双移动光楔测微器，它采用对径符合读数，在度盘对径两端分划线的光路中各设置一个移动光楔，并使它们的楔角方向设置成相反设置，而且固定在同一个光楔架上做等量移动，以使度盘分划线影像做等距但方向相反的移动（附图 4-5）。这时，对径分划线影像吻合，移动量可在测微分划尺上读出，即旋转测微轮使上下分划线重合，找出正像与倒像注字相差 180° 的分划线（正像分划线在左面，倒像分划线在右面），读取正像注字的度数，并将该两线之间的度盘分格数乘以度盘格值的一半（10′），得整 10′ 数，不足 10′ 的分、秒数在左边测微器窗口读出，最后将读数综合在一起得到完整的度盘读数。图中水平度盘的读数为 135°02′02.3″，竖直度盘的读数为 22°56′58.6″。

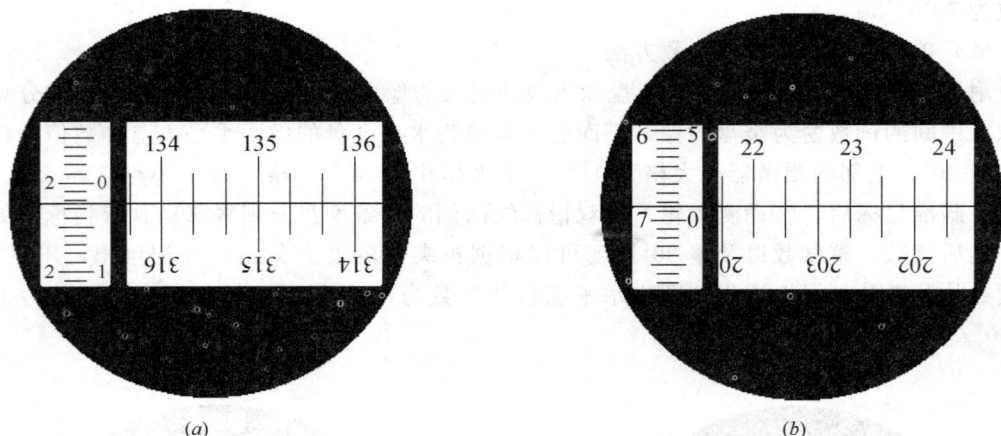

(a)　　　　　　　　　　　　　　　　　　　(b)

附图 4-5　DJ₂ 光学经纬仪移动光楔测微器（对径符合）读数窗口

（a）水平度盘读数窗口；（b）竖直度盘读数窗口

附录 5　电子经纬仪基本构造和功能介绍

电子经纬仪与光学经纬仪在外形结构、机械部分、光学部分上都非常相似，不同的是两者的读数系统。光学经纬仪采用玻璃度盘刻划及注记，配以光学测微器读取方向值，而电子经纬仪则是利用光电扫描度盘获取照准方向的电信号，通过电路对信号的识别、转换、计数，合成为相应的方向值，并显示在显示屏上。电子经纬仪获取信号的形式与度盘有关，目前常用的有编码度盘、光栅度盘和动态光栅度盘三种。因各种电子经纬仪的操作方式大同小异，这里仅给出科力达 ET-02C 电子经纬仪的基本操作流程。

1. 科力达 ET-02C 电子经纬仪

（1）各部件名称（附图 5-1）

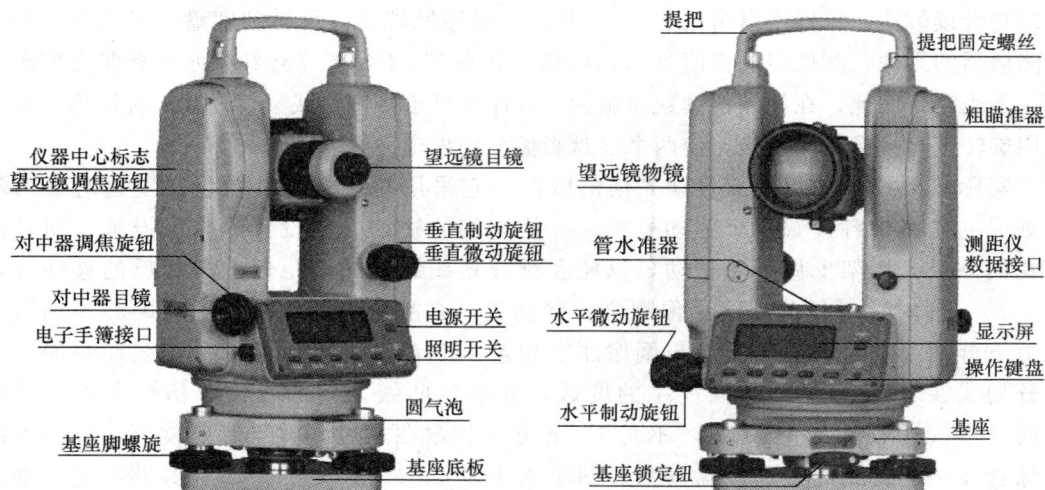

附图 5-1　科力达 ET-02C 电子经纬仪各部件名称

（2）键盘符号与功能

本仪器键盘具有一键双重功能，一般情况下仪器执行按键上所标示的第一（基本）功能，当按下 切换 键后再按其余各键则执行按键上方面板上所标示的第二（扩展）功能。

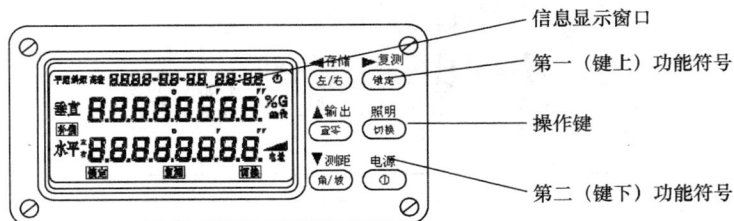

信息显示窗口
第一（键上）功能符号
操作键
第二（键下）功能符号

按　键	名　称	功　能
◀存储 左/右	左/右 存储 （◀）	显示左旋/右旋水平角选择键。连续按此键，两种角值交替显示。 存储键。切换模式下按此键，当前角度闪烁两次，然后将当前角度数据存储到内存中。 在特种功能模式中按此键，显示屏中的光标左移。
▶复测 锁定	锁定 复测 （▶）	水平角锁定键。按此键两次，水平角锁定；再按一次则解除。 复测键。切换模式下按此键进入复测状态。 在特种功能模式中按此键，显示屏中的光标右移。
▲输出 置零	置零 输出 （▲）	水平角置零键。按此键两次，水平角置零。 输出键。切换模式下按此键，输出当前角度到串口，也可以令电子手簿执行记录。 减量键。在特种功能模式中按此键，显示屏中的光标可向上移动或数字向下减少。
▼测距 角/坡	角/坡 测距 （▼）	竖直角和斜率百分比显示转换键。连续按此键交替显示。 测距键。在切换模式下，按此键每秒跟踪测距一次，精度至 0.01m（连接测距仪有效）。 连续按此键则交替显示斜距，平距，高差，角度。 增量键。在特种功能模式中按此键，显示屏中的光标可向上移动或数字向上增加。
照明 切换	切换 照明	模式转换键。连续按键，仪器交替进入一种模式，分别执行键上或面板标示功能。 在特种功能模式中按此键，可以退出或者确定。 望远镜十字丝和显示屏照明键。长按（3s）切换开灯照明；再长按（3s）则关。
电源 ①	电源	电源开关键。按键开机；按键大于2s则关机。

（3）操作面板与操作键

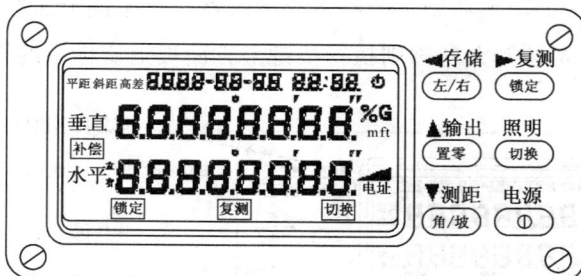

按　键	功能 1	功能 2	按　键	功能 1	功能 2
◄存储 左/右	水平角右旋增量 或左旋增量	测量数据存储	照明 切换	第二功能选择	显示器照明 和分划板照明
►复测 锁定	水平角锁定	重复测角测量	▼测距 角/坡	垂直角/坡度 角百分比	斜/平/高距离测量
▲输出 置零	水平角清零	测量数据串口输出	电源 ①	电源开关	

（4）信息显示符号

液晶显示屏采用线条式液晶，常用符号全部显示时：中间两行各 8 个数位显示角度或距离观测结果数据或提示字符串；左右两侧所示的符号或字母表示数据的内容或采用的单位名称。如下图所示：

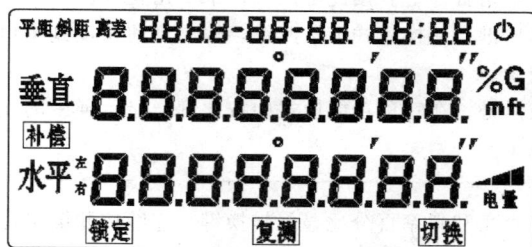

符　号	内　　容	符　号	内　　容
垂直	垂直角	%	斜率百分比
水平	水平角	G	角度单位：格（角度采用度及密位时无符号显示）。
水平右	水平右旋（顺时针）增量		
水平左	水平左旋（逆时针）增量	m	距离单位：米
斜距	斜距	ft	距离单位：英尺
平距	平距	◀◀▮	电池电量
高差	高差	锁定	锁定状态
补偿	倾斜补偿功能	①	自动关机标志
复测	复测状态	切换	第二功能切换

（5）打开或关闭电源

显　　　示	操　作　流　程
	1）按住 电源 键至显示屏显示全部符号，电源打开；
	2）2s后显示出水平角值，即可开始测量水平角；
OFF	3）按 电源 键大于 2s 至显示屏显示 OFF 符号后松开，显示内容消失，电源关闭。 注：开启电源显示的水平角为仪器内存的原角值，若不需要此值时，可用"水平角置零"； 若设置了"自动断电"功能，30min 或 10min 内不进行任何操作，仪器会自动关闭电源并将水平角自动存储起来。

（6）指示竖盘指标归零（垂直、置零）

显　　　示	操　作　流　程
	1）开启电源后如果显示"b"，提示仪器的竖轴不垂直，将仪器精确置平后"b"消失。
	2）仪器精确置平后开启电源，直接显示竖盘角值。当望远镜通过水平视线时将指示竖盘指标归零，显示出竖盘角值。仪器可以进行水平角及竖直角测量。 注：采用了竖盘指标自动补偿归零装置的仪器，当竖轴不垂直度超出设计规定时，竖盘指标将不能自动补偿归零，仪器显示"b"，将仪器重新精确置平待"b"消失后，仪器方恢复正常。

（7）基本测量操作

显　　示	操　作　流　程
将望远镜十字丝中心照准目标后，按 置零 键两次，使水平角读数为 0°00′00″	1）水平角置"0"（置零） 置零 键只对水平角有效。除已锁定 锁定 键状态外，任何时候水平角均可置"0"。若在操作过程中误按 置零 键盘，只要不按第二次就没关系，当鸣响停止，便可继续以后的操作。
垂直　　93°20′30″ 水平右　10°50′40″ ↓按两次 置零 插座　　93°20′30″ 水平右　0°00′00″ 垂直　　91°05′10″ 水平右　50°10′20″ 垂直　　91°05′10″ 水平右　309°49′40″	2）水平角与竖直角测量 ①设置水平角右旋与竖直角天顶为0°。 　顺时针方向转动照准部（水平右），以十字丝中心照准目标A，按两次 置零 键，目标A的水平角度设置为0°00′00″，作为水平角起算的零方向。 　顺时针方向转动照准部（水平右），以十字丝中心照准目标B时可得测量结果。 ②按左/右键后，水平角设置成左旋测量方式。 　逆时针方向转动照准部（水平左），以十字丝中心照准目标A，按两次 置零 键将A方向水平角置"0"。步骤和显示结果与（1）之A目标相同。 　逆时针方向转动照准部（水平左），以十字丝中心照准目标B时可得测量结果。

3）水平角锁定与解除

在观测水平角过程中，若需保持所测水平角时，按 锁定 键两次即可。水平角被锁定后，显示"锁定"符号，再转动仪器水平角也不发生变化。当照准至所需方向后，再按 锁定 键一次，解除锁定功能，此时仪器照准方向的水平角就是原锁定的水平角值。

注： 锁定 键对竖直角或距离无效。若在操作过程中误按 锁定 键，只要不按第二次就没有关系，当鸣响停止便可继续以后的操作。

4）水平角象限鸣响设置

①照准定向的第一个目标，按 置零 键两次，使水平角置"0"；

②将照准部转动约90°，至有鸣响时停止，显示： 89°59′20″ ；

③旋紧水平制动旋钮，用微动旋钮使水平读数显示为： 90°00′00″ ，用望远镜十字丝确定象限目标点方向；

续表

④用同样的方法转动照准部确定180°、270°的象限目标点方向。

注：当读数值经过0°、90°、180°、270°各象限时，蜂鸣器鸣响，鸣响从上述值±1′范围开始至±20″范围停止，鸣响可以在初始设置中取消。

A────B 图	2007-03-21 08:38 垂直 补偿 **8534′40″** 水平 右 **10840′10″**

5）重复角度测量

①按下 切换 键。

②按下 复测 键，仪器置于复测模式。

③照准第一目标A。

④按下 左/右 键，将第一目标读数置为0°00′00″。

⑤用水平固定螺钉和微动螺旋照准第二目标B。

⑥按下 锁定 键，将水平角保持并存入仪器中。

⑦用水平固定螺旋和微动螺旋再次照准目标A。

⑧按下 左/右 键，将第一目标读数置为0°00′00″。

⑨用水平固定螺旋和微动螺旋再次照准目标B。

⑩按下 锁定 键，将水平角保持并存入仪器。

这时显示出角度平均值。重复⑥～⑩的步骤，可进行所需要的复测次数的测量。测量完成后按下 切换 键退出复测模式。

2007-03-21 08:38 Π-0 Γ1 补偿 水平 右 **10840′10″** 复测　切换	2007-03-21 08:38 Π-0 Γ1 补偿 水平 右 **000′00″** 复测　切换
2007-03-21 08:38 Π-0 Γ1 补偿 水平 右 **100′00″** 复测　切换	2007-03-21 08:38 Π-0 Γ2 补偿 水平 右 **100′00″** 锁定　复测　切换
2007-03-21 08:38 Π-0 Γ2 补偿 水平 右 **100′00″** 锁定　复测　切换	2007-03-21 08:38 Π-1 Γ1 补偿 水平 右 **000′00″** 复测　切换
2007-03-21 08:38 Π-1 Γ1 补偿 水平 右 **100′00″** 复测　切换	2007-03-21 08:38 Π-1 Γ2 补偿 水平 右 **100′00″** 锁定　复测　切换

（8）角度的输出、存储、查看与删除

1）角度输出功能

开机进入测角模式后，先按 切换 键进入第二功能选择模式，然后按 输出 键选择输出当前角度到串口或电子手簿（波特率设置为 1200），输出成功后仪器会显示"……" 1 秒，表示仪器已经将当前角度输出到了串口或电子手簿。

2）角度存储功能

本仪器目前只提供 256 组（512 个，每组角度包括 1 个垂直角和 1 个水平角）角度数据，存储的角度组数超过 256 时仪器将在界面中显示"FULL"，提示用户存储区已满，此时就应该由用户手动清除存储区了才能重新存储。

3）查看内存角度数据

①按住 切换 键，然后按 电源 键开机，蜂鸣三下后进入仪器内存查看界面。

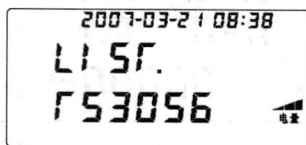

```
 2007-03-21 08:38
  LI 5r.
  r53056        电量
```

②按 角/坡 键，显示内存模式中的角度数据，N.000 表示内存中无角度数据。

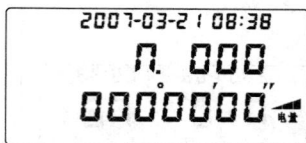

```
 2007-03-21 08:38
    N. 000
  0000'00"  电量
```

③如果显示 N.001 表示内存中有角度数据，此时可以用（◀）或（▶）来选择查看内存中的角度。用▲或▼来选择第二行显示的是垂直角或水平角。如下图表示这是内存中的第 4 组垂直角数据。

```
 2007-03-21 08:38
 垂直   N. 004
  100'00'00"  电量
```

④按 切换 键退出内存角度查看界面，回到查看仪器序列号界面，再次按 切换 键退出内存查看模式，返回正常测角状态。

4）清除内存角度数据

按上述"3）查看内存角度数据"的步骤进入后，在查看角度的界面中，长按▼键（超过 5s），蜂鸣 3 下，同时界面上出现 CLEAR，表示内存中的角度数据清空了。

注：内存中最多存储 256 组共 512 个角度数据，存储区满后系统会提示内存已满，此时用户就应该将有用的角度通过串口发出，然后自己手动清除内存。

5）向串口发送内存数据

按上述"3）查看内存角度数据"的步骤进入后，每次按（◀）（▶）或▲▼查看内存中的角度数据时，串口同时都输出了该角度（第二行瞬间显示"……"表示串口输出了当前角度，可以通过串口精灵之类的串口工具查看，波特率设置为9600）。

另外可使用将内存中的所有角度数据一次输出到串口的功能。按照上述查看内存角度数据的步骤进入后，在查看角度的界面中，长按▲键（超5s），蜂鸣3下，表示内存中所有的角度数据开始发送到串口，波特率设置为9600，发送时间由内存中的角度个数决定。

角度是按照内存中角度存储的顺序发送的，即存储的最早的数据（内存中的第一组数据）最先发送。

6）电子经纬仪与电子手簿的连接

DT-02/05/05B电子经纬仪有一个数据输入输出接口，设置在仪器对中器目镜下侧的接口，可用科立达CE-201电缆与科立达电子手簿连接，将仪器观测数据输入电子手簿进行记录。

2. 苏一光LT202激光电子经纬仪

苏一光LT202激光电子经纬仪各部件名称如附图5-2所示。

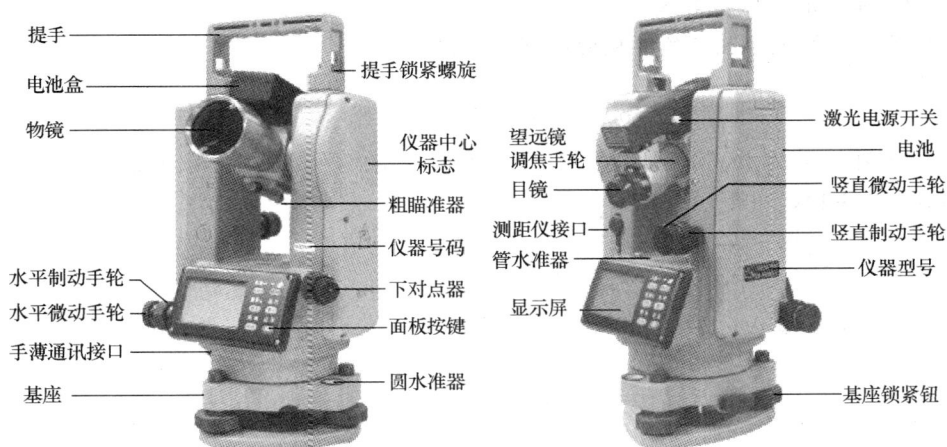

附图5-2　苏一光LT202激光电子经纬仪各部件名称

2.3　距离测量

2.3.1　基本知识

距离测量是测量的三项基本工作之一。在测量中，需要测定的是两点间沿水准面上的投影长度，因此测量的应是两点间的水平距离，如果测得的是倾斜距离，还应改算为水平距离。按照所用仪器和工具的不同，距离测量的方法可分为钢尺量距、视距测量、光电测距、GPS测距等。本节主要练习的是视距测量方法。

视距测量是利用经纬仪望远镜内十字丝平面上的视距丝及刻有厘米分划的视距尺（或普通水准尺），根据几何光学的原理测定两点间的距离和高差的一种方法。该方法具有操作方便、速度快、不受地面高低起伏限制等优点。但视距测量作业范围有限，测量精度较低，一般相对精度仅达到 $1/300 \sim 1/200$，所以常用于精度要求较低的平面、高程控制测量和碎部测量。

经纬仪望远镜内的十字丝平面上，与横丝平行且上下等距的两根短丝称为视距丝。上、下丝读数之差称为视距间隔或尺间隔。由于视距间隔固定，因此，从两根视距丝引出去的视线在竖直面内的夹角 φ 也是一个固定的角值，如图 2.3-1 所示。

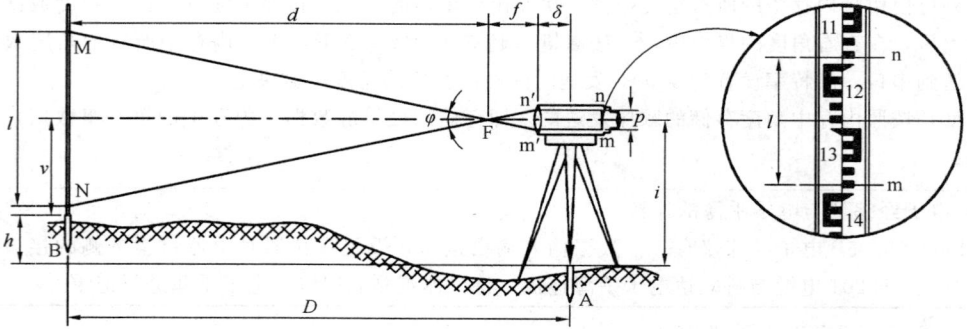

图 2.3-1　视线水平时的视距测量原理

1. 视线水平时的距离和高差计算方法

由透镜的成像原理和三角形相似原理，可得

$$\frac{d}{f} = \frac{l}{p} \tag{2.3-1}$$

式（2.3-1）中，p 为上、下视距丝的间距，f 为物镜焦距，l 为视距间隔。

由式（2.3-1），可得

$$d = \frac{lf}{p} \tag{2.3-2}$$

由图 2.3-1 可知 A、B 两点的水平距离为

$$D = d + f + \delta \tag{2.3-3}$$

令　$K = \dfrac{f}{p}$，$C = f + \delta$，则

$$D = Kl + C \tag{2.3-4}$$

仪器的设计过程中，可以使 $K = 100$，且 C 一般很小，可以忽略不计，因此

$$D \approx Kl \tag{2.3-5}$$

从图 2.3-1 中可以看出，A、B 两点的高差为

$$h = i - v \tag{2.3-6}$$

式（2.3-6）中，i 为仪器高（桩顶到仪器横轴中心的高度），v 为瞄准高（中丝在视距尺上的读数）。

2. 视线倾斜时的距离和高差计算方法

在地面起伏较大时，望远镜需倾斜一定的角度 α 才能在标尺上进行读数，如图 2.3-2 所示。此时，若量取了仪器高 i，上下丝读数之差为 l，中丝读数为 v，且竖直角为 α，则有

$$l' = l\cos\alpha \tag{2.3-7}$$

$$S = Kl' = Kl\cos\alpha \tag{2.3-8}$$

可推得 A、B 两点的水平距离为

$$D = S\cos\alpha = Kl\cos^2\alpha \tag{2.3-9}$$

因为

$$h' = S\sin\alpha = Kl\cos\alpha\sin\alpha = \frac{1}{2}Kl\sin2\alpha = D\tan\alpha \tag{2.3-10}$$

且

$$h + v = h' + i \tag{2.3-11}$$

所以，可导出 A、B 两点的高差

$$h = h' + i - v = \frac{1}{2}Kl\sin2\alpha + i - v = D\tan\alpha + i - v \tag{2.3-12}$$

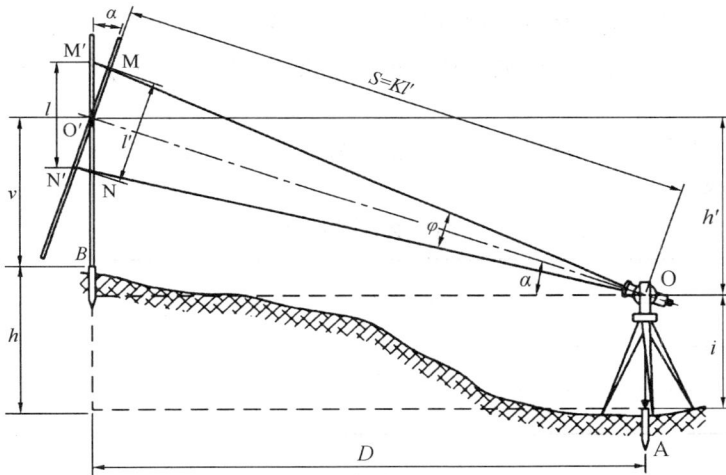

图 2.3-2　视线倾斜时的视距测量原理

2.3.2　实验目的

(1) 理解视距测量的基本原理；

(2) 掌握经纬仪竖直角观测、记录与计算方法；

(3) 掌握用视距测量测定地面两点间的水平距离和高差的方法。

2.3.3　实验仪器

(1) 实验室配备：经纬仪 1 台，三脚架 1 个，视距尺 1 把，记录板 1 块，2m 皮尺或钢卷尺 1 把。

(2) 自备：计算器 1 个，铅笔 1 支，橡皮 1 块，小刀 1 把。

2.3.4　实验内容

在实验场地上，由指导老师竖立 3 把视距尺，每人选择其中的 1 把，将经纬仪望远镜的中丝卡在视距尺的不同位置，独立观测 2～3 组数据，然后将所测得的距离及高程与指导教师的结果对照，合格方可。

2.3.5　实验步骤

(1) 每个小组在自己的测站上架设经纬仪，对中及整平后量取仪器高，精确至 1cm。

(2) 用经纬仪瞄准远处一个清晰的目标（大小应当合适，尽量减小偏差），盘左读数

得到 $\alpha_左$，盘右读数得到 $\alpha_右$，根据指标差公式：$x = \frac{1}{2}(\alpha_左 - \alpha_右) = \frac{1}{2}(L + R - 360°)$，检验仪器的竖盘指标差。

（3）将仪器的竖盘置于盘左位置，瞄准所选的目标视距尺，分别读取上、下、中丝的读数（精确至 1cm），然后读取竖盘读数（精确至 1′），计算出竖直角 α。

（4）根据所测的数据，按照视距公式计算测站至立尺点的水平距离 D 和高差 h，精确到 1cm。

（5）每人独立地按上述步骤完成 2～3 个点的观测与计算。

2.3.6 注意事项

（1）所检验的仪器指标差大于 1′ 时要改正竖直角值；

（2）每次读数前应使竖盘指标水准管气泡居中，且要在成像清晰稳定时再观测；

（3）视距尺应严格保持竖直，切忌前俯后仰，以保证视距精度；

（4）视距尺一般应是厘米刻划的整体尺，如果使用塔尺，应注意检查各节尺的接头是否准确；

（5）视距测量计算时，注意竖直角的正负号（尤其是高差计算时）。

2.3.7 记录表格

基 本 信 息

班 级		同组成员	
小 组		测站点号	
姓 名		天气状况	
学 号		观测时间	

实 验 记 录

测量次数	竖盘指标差	视距尺读数			视距间隔	竖直角计算			高差计算			高程	水平距离
		上丝	中丝	下丝		竖盘读数（° ′ ″）	改正前竖直角（° ′ ″）	改正后竖直角（° ′ ″）	i	v	h'		
1													
2													
3													
4													
5													
6													
7													
8													
9													
10													

2.4 经纬仪测绘法测绘地形图

2.4.1 基本知识

碎部测量的方法主要包括经纬仪测绘法和光电测距仪测绘法。光电测距仪测绘法与经纬仪测绘法基本相同，不同的是用光电测距仪来代替经纬仪的视距法。这两种方法的实质都是按极坐标法进行定点绘图，其工作步骤一般包括：安置仪器、定向、立尺、观测、记录、计算、展绘 7 个步骤。本次实验课主要学习用经纬仪测绘法测绘地形图。如图 2.4-1 所示，首先将经纬仪安置在测站上，绘图板置于测站旁；然后经纬仪测定碎部点的方向与已知方向之间的夹角；再用视距测量方法测出测站点至碎部点的水平距离及碎部点的高程；最后根据测定的数据，用量角器和比例尺把碎部点的平面位置展绘在图纸上，并在点的右侧注明其高程，再对照实地描绘地形。经纬仪测绘法操作简单、灵活，适用于各类地区地形图的描绘。

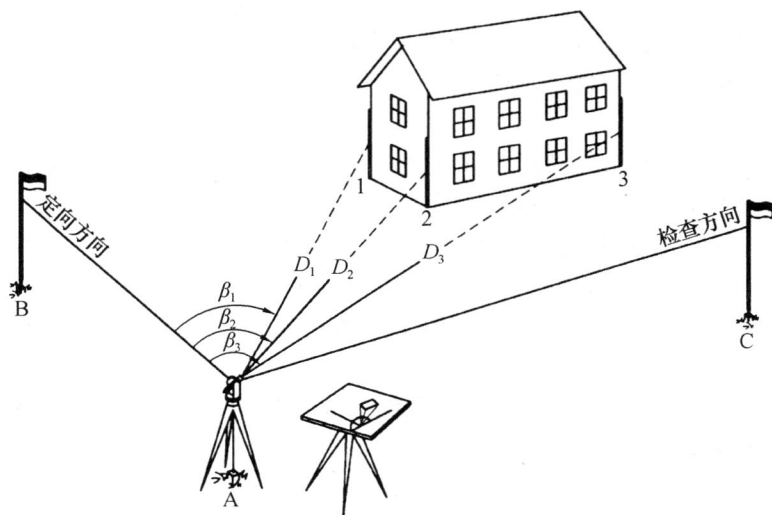

图 2.4-1　经纬仪测绘法示意图

2.4.2 实验目的

（1）掌握经纬仪测绘法测绘地形图的方法和步骤；

（2）掌握如何选定合理的地物和地貌特征点；

（3）掌握如何根据地形图图示描绘地物和地貌。

2.4.3 实验仪器

（1）实验室配备：经纬仪 1 台，图板 1 块，三脚架 2 个，视距尺 1 把，量角器 1 个，钢尺 1 把，绘图网格纸 1 张，大头针 1 根。

（2）自备：计算器 1 个，铅笔 1 支，橡皮 1 块，小刀 1 把，透明胶 1 卷，小钢尺 1 把。

2.4.4 实验内容

根据指导老师指定的范围，每个小组选择出测区范围内地物和地貌碎部点（碎部点的选择如图 2.4-2 所示）；然后在各自的测站上采用边测边绘的方式测绘地形图，要求特征

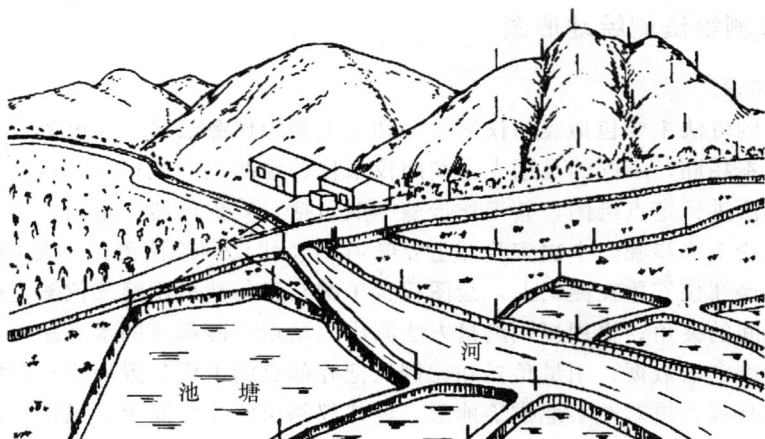

图 2.4-2　碎部点的选择

点不少于 20 个点。根据地物特征点勾绘等高线；根据地貌特征点按等高距 1m，用目估法勾绘等高线。实验结束后，提交比例尺为 1∶500 且整饰好的图纸一张。

2.4.5　实验步骤

（1）将经纬仪安置在本组的测站点 A 上，对中、整平，量出仪器高度 i。瞄准另一控制点 B 作为起始方向，设置水平度盘读数为 $0°00'00''$。

（2）将绘图板安置在测站附近，用胶带纸把图纸固定在绘图板上，使图纸上控制边方向与地面上相应控制边方向大体一致。连接图上控制点 a、b，并适当延长 ab 线，ab 即为图上起始方向线；然后用小针通过量角器圆心的小孔插在 a 点，使量角器圆心固定在 a 点上。

（3）观测人员、跑尺人员、绘图人员共同选定好需要测量的碎部点及跑尺路线，并绘制一张草图，将跑尺的顺序注记在草图上。

（4）跑尺人员开始按跑尺顺序进行跑尺，观测员转动经纬仪照准部，瞄准碎部点 1 处的视距尺，读取水平角和竖盘读数，然后读取上、中、下三丝读数，同法观测 2、3、……个点。

（5）绘图人员将测得的水平角、竖盘读数及三丝读数，依次填入记录簿，对于有特殊作用的碎部点，如房角、山头、鞍部等，应在备注中加以说明，以备必要时查对和作图。

（6）计算视距、竖直角、高差、水平距离和高程，用量角器将碎部点按比例尺展绘在图板上，并在点位的右侧标注上高程，然后按地物形状连接各地物点和按实际地形勾绘等高线。

（7）对地形图检查和修正，然后进行整饰，在图框外按图式要求写出图名、图号、比例尺、坐标系统及高程系统、测绘者及策划日期等。

2.4.6　注意事项

（1）在测站安置经纬仪时，对中误差应小于 $0.05\text{mm} \times M$（测图比例尺的分母）；

（2）读取竖直角时，指标水准管气泡要居中，立尺人员应注意将视距尺扶稳立直；

（3）在观测过程中，每隔 20～30 个碎部点，应重新瞄准起始方向，归零差不得超过 $\pm 4'$；

（4）碎部点高程应标注在点位右侧，字头朝北；

（5）绘图员要注意图面的正确整洁，注记清晰，并做到随测点，随展绘，随检查；

（6）图纸整饰原则为：先符号、后注记，先地物、后地貌，先图内、后图外；

（7）小组内每人要轮流操作观测、记录、计算、绘图、跑尺等工序。

2.4.7 记录表格

基 本 信 息

班 级		同组成员	
小 组		测站点号	
姓 名		天气状况	
学 号		观测时间	

实 验 记 录

测量点号	水平角 (° ′ ″)	视距尺读数			视距间隔	竖直角 (° ′ ″)	高差计算			高程	水平距离
		上丝	中丝	下丝			i	v	h'		
1											
2											
3											
4											
5											
6											
7											
8											
9											
10											
11											
12											
13											
14											
15											
16											
17											
18											
19											
20											
21											
22											
23											
24											
25											
26											
27											
28											
29											
30											

2.5 全站仪的认识与坐标测量

2.5.1 基本知识

坐标测量是数字化测量的重要组成部分，其特点是测量仪器采集的数据直接以空间三维坐标的形式显示，并存入测量仪器的内存，供数字化成图等工具使用。目前以全站仪和GPS信号接收机为代表的电子测量设备都具备此功能。全站仪是由电子测角、光电测距、微型机及其软件组成的智能型光电测量仪器，其结构组成如图2.5-1所示。利用光电技术和微处理机，可实现观测数据自动处理、存储和显示，减少人为的读数误差和记录误差，提高了测量的精度和效率。

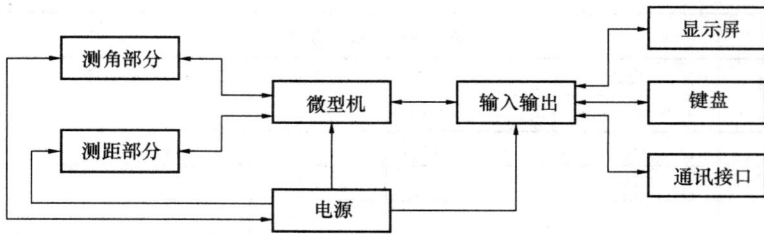

图 2.5-1 全站仪结构框图

全站仪的基本功能是测定测量的 3 个基本元素（角度、距离和高差），并借助机内固化的软件，组成多种测量功能，如进行多种模式的放样、偏心测量、悬高测量、对边测量、面积计算等。目前，全站仪已广泛应用于控制测量、工程放样、变形观测、地形测绘和地籍测量等领域。

从结构上看，全站仪具有如下特点：

（1）三同轴望远镜

三同轴即照准目标的视准轴、光电测距的光轴和测角光轴三个轴同轴，如图2.5-2所示。测量时使望远镜照准目标棱镜的中心，能同时测定水平角、竖直角和斜距。

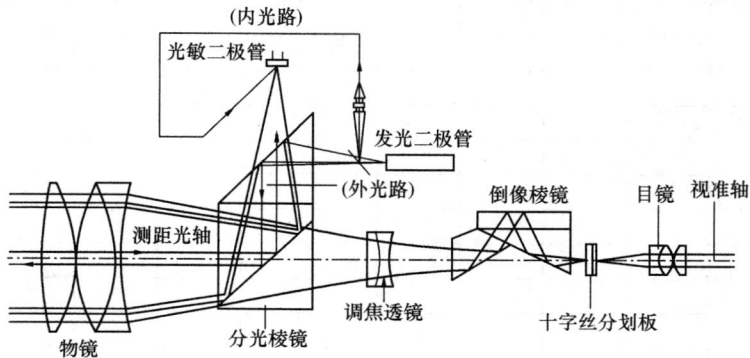

图 2.5-2 全站仪轴系及光路

（2）键盘操作

键盘是全站仪在测量时输入操作指令或数据的硬件，全站仪的键盘和显示屏一般为双面式，便于正、倒镜作业时操作。键盘上的键分软键和硬键两种，每个硬键有一个固定功能，或兼有第二、第三功能；软键是对机载软件的菜单进行操作，软键功能通过显示窗最下一行对应位置的字符提示。在不同的模式菜单下，软键具有不同的功能。

（3）数据存储与通讯

主流全站仪一般带有可以存储至少 3000 个点位观测数据的内存，有些配有 CF 卡以增加存储容量。仪器设有一个标准的 RS-232C 通讯接口或 USB 接口，使用专用电缆与计算机的 COM 或 USB 口连接，通过专用软件或 Windows 的超级终端等接口软件实现与计算机的双向数据传输。

（4）电子传感器

电子传感器有摆式和液式两种，其作用是自动补偿仪器水平或竖直度盘误差。其中，采用单轴补偿的电子传感器相当于竖盘指标自动归零补偿器，而双轴补偿的电子传感器不仅可修正竖直角，还可修正水平角。目前主要采用的是液体电子传感器。

2.5.2　实验目的

（1）熟悉全站仪各部件的名称和作用；

（2）熟悉全站仪面板的主要功能；

（3）掌握全站仪的各种观测方法及操作流程。

2.5.3　实验仪器

（1）实验室配备：全站仪 1 台，三脚架 1 个，棱镜 1 个，棱镜杆 1 根，记录板 1 块，2m 皮尺或钢卷尺 1 把。

（2）自备：计算器 1 个，铅笔 1 支，橡皮 1 块，小刀 1 把。

2.5.4　实验内容

熟悉全站仪各部件的名称、作用和操作流程；根据指导老师指定的范围，每个小组选择出测区范围内地物和地貌碎部点，绘出草图一张；利用全站仪对各碎部点进行角度测量、距离测量、高差测量和坐标测量；将观测数据记录下来供以后数字化机助成图实验课时使用。

2.5.5　实验步骤

（1）在各小组自己的测站上安置好全站仪，然后对中、整平。

（2）熟悉全站仪的构造、部件名称和作用，包括：电子测角系统、光电测距系统、微处理机、显示控制/键盘、数据/信息存储器、输入/输出接口、电子自动补偿系统、电源供电系统、机器控制系统等部分。

（3）开机，初始化水平度盘和竖直度盘。纵向转动望远镜一周，听到"咔嗒"一声，表示竖盘指标设置完成；水平向转动照准部一周，听到"咔嗒"一声，表示水平度盘指标设置完成。

（4）认识全站仪的操作面板，熟悉全站仪的基本操作功能，包括：测量水平角、竖直角和斜距，借助机内固化软件计算并显示平距、高差以及镜站点的三维坐标，进行偏心测量、对边测量、悬高测量和面积测量等功能的学习（具体仪器的操作流程参见本节附录）。

（5）根据指导老师指定的范围，每个小组选择出测区范围内地物和地貌碎部点，进行编号，然后绘出草图一张。

（6）在各碎部点按顺序架设棱镜，利用全站仪对各碎部点进行角度测量、距离测量、高差测量和坐标测量。

2.5.6 注意事项

（1）全站仪属于精密仪器，价格较为昂贵，在使用过程中应注意爱护仪器，严格遵守操作规程。

（2）日光下操作时应撑伞遮阳，严禁将物镜直接对准太阳，将仪器直接对准太阳会严重伤害眼睛，也会损坏仪器，且不要把棱镜置于离全站仪很近的地方进行观测（一般要大于 5m）。

（3）全站仪使用过程中，如果电量不足，应先关闭电源，再更换电池，不能不关机就更换电池。

（4）作业前应仔细全面检查仪器，确定仪器各项指标、功能、电源、初始设置和改正参数均符合要求时再进行作业，若发现仪器功能异常，非专业维修人员不可擅自拆开仪器，以免发生不必要的损坏。

（5）小组内每人要轮流操作观测、记录、计算、立棱镜等工序。

2.5.7 记录表格

基本信息

班级		同组成员	
小组		测站点号	
姓名		天气状况	
学号		观测时间	

实验记录

测量点号	水平角 （° ′ ″）	平距/斜距 （m）	高差 （m）	三维坐标		
				N	E	Z
1						
2						
3						
4						
5						
6						
7						
8						
9						
10						
11						
12						
13						
14						
15						

测量点号	水平角 (° ′ ″)	平距/斜距 (m)	高差 (m)	三维坐标		
				N	E	Z
16						
17						
18						
19						
20						
21						
22						
23						
24						
25						
26						
27						
28						
29						
30						

附录6 南方 NTS-660 全站仪基本构造和功能介绍

1. 各部件名称（附图 6-1）

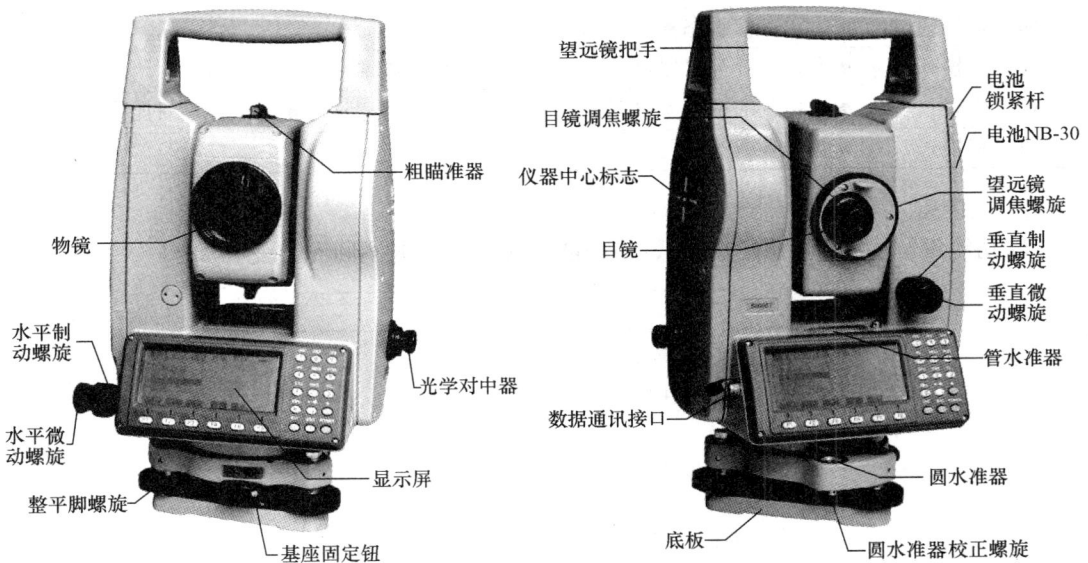

附图 6-1 南方 NTS-660 全站仪各部件名称

2. 显示屏

软键F1-F6　　　　　　　　　　　　回车键　　　　　电源开关键

星键
退出键

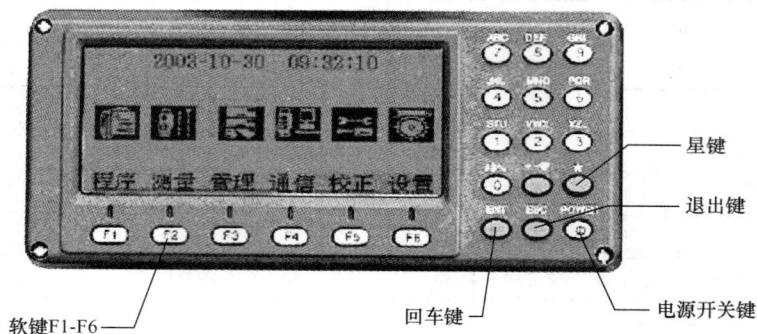

按键	名称	功　　能
F1~F6	软键	功能参见所显示的信息
0~9	数字键	输入数字，用于预置数值
A~/	字母键	输入字母
ESC	退出键	退回到前一个显示屏或前一个模式
★	星键	用于仪器若干常用功能的操作
ENT	回车键	数据输入结束并认可时按此键
POWER	电源键	控制电源的开或关

主菜单	功　能　模　块
程序模式	● 标准测量程序 ● 设置水平方向角 ● 导线测量 ● 悬高测量 ● 对边测量 ● 角度复测 ● 坐标放样 ● 线高测量 ● 偏心测量
测量模式	● 角度测量 ● 距离测量 ● 坐标测量
存储管理模式	● 显示存储状态 ● 保护/删除/更名 ● 格式化内存
数据通信模式	● 设置与外部仪器进行数据通信的参数 ● 数据文件的输入/输出
校正模式	● 指标差的校正 ● 设置仪器常数 ● 设置日期和时间 ● 调节液晶对比度
参数设置模式	● 各种参数的设置

3. 功能键（软键）

软功能键标注在显示屏的底行，该功能随测量模式的不同而改变。如：

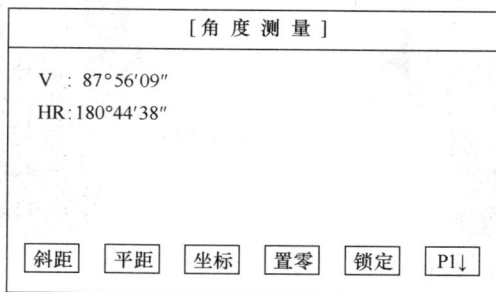

```
[ 角 度 测 量 ]

V ：87°56′09″
HR：180°44′38″

斜距   平距   坐标   置零   锁定   P1↓
```

↓	↓	↓	↓	↓	↓
[F1]	[F2]	[F3]	[F4]	[F5]	[F6]

软功能键在不同的测量模式下，其具体表示如下：

页面	显示	软键	功　　　　　能
	斜距	F1	倾斜距离测量
	平距	F2	水平距离测量
第一页	坐标	F3	坐标测量
	置零	F4	水平角置零
	锁定	F5	水平角锁定
角度测量	记录	F1	将测量数据传输到测量采集器
	置盘	F2	预置一个水平角
第二页	R/L	F3	水平角右角/左角变换
	坡度	F4	垂直角/百分度的变换
	补偿	F5	设置倾斜改正；若打开补偿功能，则显示倾斜改正值
	测量	F1	启动倾斜（平距）测量；连续选择测量/N次（单次）测量模式
	模角	F2	设置单次精度/N次精测/重复精测/跟踪测量模式
第一页	角度	F3	角度测量模式
	平距	F4	平距（斜距）测量模式，显示N次或单次测量后的水平（倾斜）距离
平距（斜距）测量	坐标	F5	坐标测量模式，显示N次或单次测量后的坐标
	记录	F1	将测量数据传输到数据采集器
第二页	放样	F2	放样测量模式
	均值	F3	设置N次测量的次数
	m/ft	F4	距离单位米或英尺的变换
	测量	F1	启动坐标测量；选择连续测量/N次（单次）测量模式
	模式	F2	设置单次精度/N次精测/重复精测/跟踪测量模式
第一页	角度	F3	角度测量模式
	斜距	F4	斜距测量模式，显示N次或单次测量后的倾斜距离
坐标测量	平距	F5	平距测量模式，显示N次或单次测量后的水平距离
	记录	F1	将测量数据传输到数据采集器
	高程	F2	输入仪器高/棱镜高
第二页	均值	F3	设置N次测量的次数
	m/ft	F4	距离单位米或英尺的变换
	设置	F5	预置仪器测站点的坐标

4. 角度测量（确认在角度测量模式下）

（1）水平角（右角）和垂直角测量

① [角度测量] V：87°56′09″ HR:130°44′38″ 斜距 平距 坐标 ▨ 锁定 P1↓	② [水平度盘置零] HR: 0°00′00″ 退出 ▨	操作步骤 照准第一个目标 A ↓ 按键【F4】（置零）（图①） ↓ 按键【F6】（设置）（图②） ↓ 照准第二个目标 B（图③） ↓ 仪器显示目标 B 的水平角 和垂直角（图④）
③ [角度测量] V：87°56′09″ HR: 0°00′00″ 斜距 平距 坐标 置零 锁定 P1↓	④ [角度测量] V：57°16′09″ HR:120°44′38″ 斜距 平距 坐标 置零 锁定 P1↓	

（2）水平角测量模式（右角/左角）的转换

① [角度测量] V：87°56′09″ HR:120°44′38″ 斜距 平距 坐标 置零 锁定 ▨ 记录 置盘 ▨ 坡度 补偿 P2↓	① [角度测量] V：87°56′09″ HL:239°15′52″ 记录 置盘 R/L 坡度 补偿 P2↓	操作步骤 按键【F6】进入第二页显 示功能（图①） ↓ 按键【F3】（图①），水平角 测量右角模式即转换 成左角模式（图②）

（3）水平度盘读数的设置

① [角度测量] V：87°56′09″ HR:120°44′38″ 斜距 平距 坐标 置零 锁定 P1↓	② [锁定] HR:120°44′38″ 退出 ▨	操作步骤－利用锁定水平角法 利用水平微动螺旋设置水平度盘读数 ↓ 按键【F5】（锁定）（图①） ↓ 照准目标 ↓ 按键【F6】（解除），取消水平度盘 锁定功能（图②），显示返回正常的 角度测量模式（图③）
③ [角度测量] V：107°56′29″ HR:120°44′38″ 斜距 平距 坐标 置零 锁定 P1↓		

| ① 　　　　[角度测量]

V : 87°56′09″
HR : 0°44′38″

───────────────
\|斜距\|平距\|坐标\|置零\|锁定\|▨\|
\|记录\|▨\|R/L\|坡度\|补偿\|P2↓\| | ② 　　　　[配置度盘]

HR:[120.2030]

───────────────
\|退出\|　　　　　　　\|左移\| | 操作步骤－利用数字键设置

照准用于定向的目标点
↓
按键【F6】进入第二页功能，再
按键【F2】（置盘）（图①）
 |
| ③ 　　　　[角度测量]

V : 87°56′09″
HR:120°20′30″

───────────────
\|斜距\|平距\|坐标\|置零\|锁定\|P1↓\| | | 输入所需水平度盘读数（图②）
↓
按键【ENT】可进行定向
后正常角度测量（图③）
 |

注：角度输入时如有误，可按【F6】（左移）移动光标，或按键【F1】（退出）重新输入新值。

5. 距离测量

（1）棱镜常数的设置

南方的棱镜常数是－30，因此棱镜常数应设置为－30，如果使用的是另外厂家的棱镜，则应预先设置相应的棱镜常数，设置方法如下：

按键（★）→按键【F5】进入该菜单的第二页→按键【F4】，显示现有设置值→按键【F4】（→，←）或【F5】（↑，↓），将光标移动到棱镜常数设置的位置上，输入棱镜常数→显示返回到（★）键模式菜单。

（2）设置观测次数（确认在角度测量模式下）

| ① 　　　　[角度测量]

V : 87°56′09″
HR:120°44′38″

───────────────
\|▨\|▨\|坐标\|置零\|锁定\|P1↓\| | ② 　　　　[平距测量]

V : 87°56′09″
HR:120°44′38″　　　PSM30
HD:　　　<　　　　　PPM0
VD:　　　　　　　　(m)*F.R
\|测量\|模式\|角度\|斜率\|坐标\|▨\|
\|记录\|放样\|▨\|m/ft\|　\|P2↓\| | 操作步骤

按键【F1】（斜距）或【F2】
平距（图①）
↓
按键【F6】进入第二页功能，
再按键【F3】（均值）（图②） |
| ③ 　　　　[测量次数]

N:[3]

───────────────
\|退出\|　　　　　　　\|左移\| | ④ 　　　　[平距测量]

V : 87°56′09″
HR:120°44′38″
HD:　　　
VD:　　　　　　　　PSM30
　　　　　　　　　　PPM0
　　　　　　　　　　(m)*F.R
\|记录\|放样\|均值\|m/ft\|　\|P2↓\| | 输入观测次数（图③）
↓
按键【ENT】进行 N 次观测（图④） |

（3）观测方法（确认在角度测量模式下）

		操作步骤
①　　　[角度测量] V：87°56′09″ HR:120°44′38″ |斜距||平距||坐标||置零||锁定||P1↓|	②　　　[平距测量] V：87°56′09″ HR:120°44′38″ HD:　　　　　　　<　　　PSM30 VD:　　　　　　　　　PPM0 　　　　　　　　　　　(m)*F.R |测量||模式||角度||斜率||坐标||P1↓| |记录||放样||均值||m/ft|　　|P2↓|	照准棱镜中心，按键【F1】（斜距）或【F2】（平距），选择测量模式（图①） ↓ N 次测量开始（图②） ↓ 显示出平均距离并伴随蜂鸣，同时屏幕上"＊"号消失（图③）
③　　　[平距测量] V：87°56′09″ HR:120°44′38″ HD:　　54.321 VD:　　1.234　　　PSM30 　　　　　　　　　PPM0 　　　　　　　　　(m) F.R |测量||模式||角度||斜距||坐标||P1↓|		

6. 放样

该功能显示测量的距离和预置距离之差。显示值＝观测值－标准（预置）距离。如进行高差的放样：

		操作步骤
①　　　[平距测量] V：87°56′09″ HR:120°44′38″ HD:　　　　　　　<　　　PSM30 VD:　　　　　　　　　PPM0 　　　　　　　　　　　(m)*F.R |测量||模式||角度||斜率||坐标||坐标| |记录||放样||均值||m/ft|　　|P2↓|	②　　　[放样] HD:|■　　　　| VD: |退出|　　　　　　　　　　|左移|	在距离测量模式下按键【F6】进入第二页功能。按键【F2】（放样）（图①） ↓ 输入待放样的高差值并按【ENT】键（图②） ↓ 开始观测（图③） ↓ 显示测量结果（图④）
③　　　[平距测量] V：90°10′20″ HR:120°30′40″ HD:　　　　　　　< VD:　　　　　　　　　PSM30 　　　　　　　　　　　PPM0 　　　　　　　　　　　(m)*F.R |记录||放样||均值||m/ft|　　|P2↓|	④　　　[平距测量] V：90°10′20″ HR:120°30′40″ HD:　　12.345 dVD:　　0.009　　　PSM30 　　　　　　　　　PPM0 　　　　　　　　　(m) F.R |记录||放样||均值||m/ft|　　|P2↓|	

7. 坐标测量

（1）设置测站点坐标

设置好测站点（仪器位置）相对于原点的坐标后，仪器便可以求出显示未知点（棱镜位置）的坐标。

① 　　[角度测量]	② 　　[坐标测量]	操作步骤
V：87°56′09″ HR：120°44′38″ |斜距|平距|坐标|置零|锁定|P1↓|	N：　　　＜ E： Z：　　　　　PSM30 　　　　　PPM0 　　　　　(m)*F.R |测量|模式|角度|斜距|平距|坐标| |记录|高程|均值|m/ft|设置|P2↓|	按键【F3】（坐标）（图①）
③ 　　[设置测站点] N：▌2345.670　　　　m E：　　12.436　m Z：　　10.445　m |退出|　　　　　|左移|	④ 　　[设置测站点] N：　1000.000　m E：　1000.000　m Z：▌1000.000　　　m |退出|　　　　　|左移|	按键【F6】进入第二页功能（图②） 按键【F5】（设置），显示以 前示数（图③） 输入新的坐标值（图④） 并按【ENT】（图⑤）
⑤ 完成！ 	⑥ 　　[坐标测量] N：　　　＜ E： Z：　　　　　PSM30 　　　　　PPM0 　　　　　(m)*F.R |记录|高程|均值|m/ft|设置|P2↓|	开始测量（图⑥）

（2）设置仪器高/棱镜高

① 　　[角度测量]	② 　　[坐标测量]	操作步骤
V：87°56′09″ HR：120°44′38″ |斜距|平距|坐标|置零|锁定|P1↓|	N： E： Z：　　　　　PSM30 　　　　　PPM0 　　　　　(m)*F.R |测量|模式|角度|斜距|平距|坐标| |记录|高程|均值|m/ft|坐标|P2↓|	按键【F3】（坐标）（图①）
③ 　　[仪高镜高] 仪器高：▌0.000　　　m 棱镜高：　0.000 m |退出|　　　　　|左移|	④ 　　[仪高镜高] 仪器高：　1.630　　m 棱镜高：▌1.450▌m |退出|　　　　　|左移|	按键【F6】进入第二页功能（图②） 按键【F5】（设置），显示以前 示数（图③） 输入仪器高和棱镜高 （图④）并按【ENT】 开始测量（图⑤）
⑤ 　　[坐标测量] N：　　　＜ E： Z： 　　　　　PSM30 　　　　　PPM0 　　　　　(m)*F.R |记录|设置|均值|m/ft|设置|P2↓|		

（3）坐标测量的操作

先设置好测站坐标和仪器高/棱镜高，设置好已知点的方向角（参见水平度盘读数的设置）。

		操作步骤
① 　　　[角度测量] V：87°56′09″ HR:120°44′38″ |斜距|平距|坐标|置零|锁定|P1↓|	② 　　　[坐标测量] N:　　　< E; Z: 　　　　　　PSM30 　　　　　　PPM0 　　　　　　(m)*F.R |测量|模式|角度|斜距|平距|P1↓|	照准目标点，按键【F3】 （坐标）（图①） ↓ 按键【F1】（测量）开始测量（图②） ↓ 显示测量结果（图③）
③ 　　　[坐标测量] N:　14235.458 E:　−12344.094 Z:　　　10.674 　　　　　　PSM30 　　　　　　PPM0 　　　　　　(m) F.R |测量|模式|角度|斜距|平距|P1↓|		

8. 通过软件输出数据（记录）

可以通过软件将测量结果输出到外部设备。例如在斜距测量模式下：

		操作步骤
① 　　　[斜距测量] V ：90°10′20″ HR:120°30′40″ SD:　　　　< 　　　　　　PSM30 　　　　　　PPM0 　　　　　　(m)*F.R |测量|模式|角度|斜率|坐标|P1↓| |记录|放样|均值|m/ft|设置|P2↓|	② 　　　[斜距测量] V ：90°10′20″ HR:120°30′40″ SD:　　　　< 　　　　　　PSM30 　　　　　　PPM0 　　　　　　(m)*F.R |是|否|	按键【F6】进入第二页， 按键【F1】（记录）（图①） ↓ 此时继续测量，按键【F5】 （是）（图②） ↓ 开始测量（图③） ↓ 显示测量结果（图④）， 然后输出测量结果 ↓ 屏幕返回先前显示（图⑤）
③ 　　　[斜距测量] V ：90°10′20″ HR:120°30′40″ SD:　　　　< 　　　　　　PSM30 　　　　　　PPM0 　　　　　　(m)*F.R |记录|放样|均值|m/ft|设置|P2↓|	④ 　　　[斜距测量] V ：90°10′20″ HR:120°30′40″ SD:　　10.134 　　　　　　PSM30 　　　　　　PPM0 　　　　　　(m)*F.R 　　记录 >>>>>>	
⑤ 　　　[斜距测量] V ：90°10′20″ HR:120°30′40″ SD:　　10.134 　　　　　　PSM30 　　　　　　PPM0 　　　　　　(m) F.R |记录|放样|均值|m/ft|设置|P2↓|		

9. 数据文件的输出

		操作步骤
① 　　[通讯数据] F1　通讯参数 F2　接受数据 F3　发送数据	② 　　　[文件管理] SURVEY.RAW　1025　09-02 TAX 　.PTS　　2014　10-15 SOUTH 　.PTL　12558　08-11 保护 更名 删除　　　↑　↓	选择"数据通讯模式"（在向 计算机发送数据文件之前，必须 确认全站仪已处于准备 好等待接受的状态） ↓ 按【F3】（发送数据）键（图①） ↓
③ 　　[发送文件] [SOUTH 　.PTL] 0/102250　　(20) 　　　　　　　取消	④ 　　　[通讯数据] F1　通讯参数 F2　接受数据 F3　发送数据	按【F5】（↑）或【F6】（↓）和 【ENT】选择某一个文件（图②）。 ↓ 传输中（图③）传输完毕后， 返回主菜单（图④）

附录7　苏一光 RTS-600 全站仪基本构造和功能介绍

1. 各部件名称（附图 7-1）

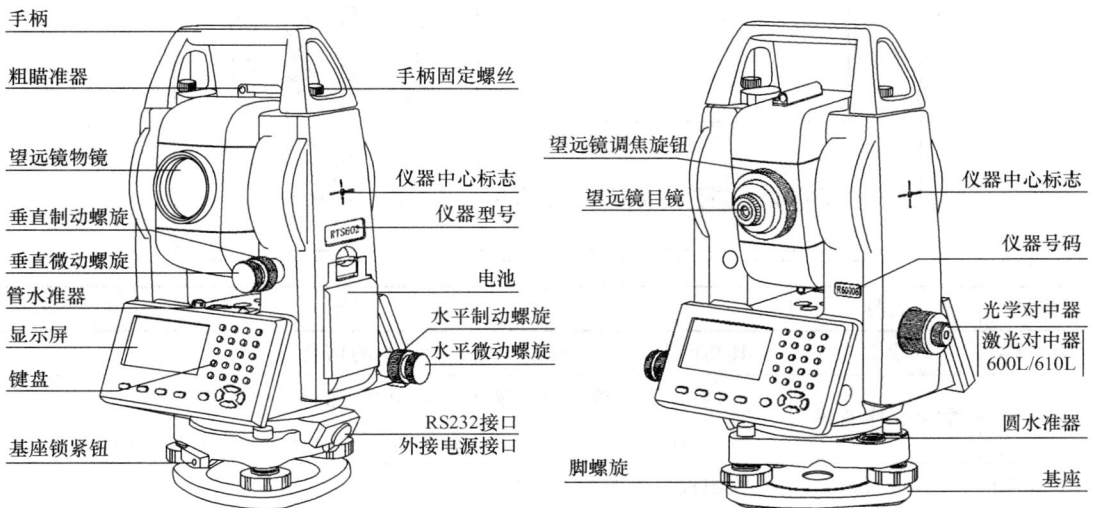

手柄
粗瞄准器
望远镜物镜
垂直制动螺旋
垂直微动螺旋
管水准器
显示屏
键盘
基座锁紧钮

手柄固定螺丝
仪器中心标志
仪器型号
电池
水平制动螺旋
水平微动螺旋
RS232接口
外接电源接口

望远镜调焦旋钮
望远镜目镜
仪器中心标志
仪器号码
光学对中器
激光对中器
600L/610L
圆水准器
脚螺旋
基座

附图 7-1　苏一光 RTS-600 全站仪各部件名称

2. 显示屏

600/610 系列全站仪采用点阵图形式液晶显示屏，可显示 8 行汉字。一般在测量模式界面下，上面几行显示仪器信息以及观测数据，底行显示软键的功能，而软键的功能会随页面的不同而变化。

RTS600　　苏一光 编号　　　R60006 版本　　　20060523 日期　　　06/06/2006 时间　　　08：36：38 文件　　　ABC 〔测量〕　　　　〔内存〕	测量　　棱镜常数　　　0 　　　　　大气改正　　　0 斜距　　　　　　1.818m 垂直角　　167°16'08"　　I 水平角　　90°00'18"　　P1 〔测量〕〔切换〕〔置零〕〔坐标〕	倾斜读数　　　　　　　　X X　　0°00'21" Y　　0°00'18"　　　　Y
状态模式屏幕	测量模式屏幕	补偿模式屏幕
EDM 测量模式　：重复精测 反射镜　　：棱镜 棱镜常数　：0 温度　　　：20° 气压　　　：1013hPa 大气改正　：0	测距 重复测量　大气改正　　　0 ----------　　　　　〔停〕	程序菜单　　　　　　　　P1 1.坐标测量 2.放样测量 3.面积测量 4.偏心测量 5.对边测量 6.悬高测量 7.后方交会
EDM 设置模式屏幕	测量屏幕	程序模式屏幕

3. 按键说明

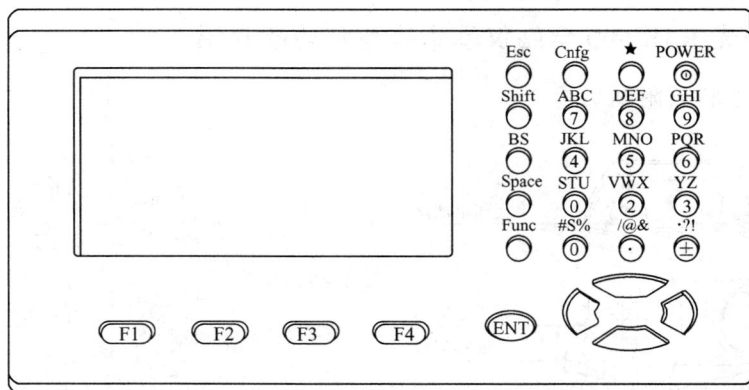

按键	名称	功　能
F1～F4	软键	其功能对应显示屏最下面一行显示的信息
9～±	数字、字符键	（1）在输入数字时，输入按键相对应的数字 （2）在输入字母或特殊字符的时候，输入按键上方对应的字符
POWER	电源键	控制仪器电源的开/关
★	星键	用于若干仪器常用功能的操作
Cnfg	设置键	进入仪器设置项目操作
Esc	退出键	退回到前一个菜单显示或前一个模式
BS	退格键	（1）在输入屏幕显示下，删除光标左侧的一个字符 （2）在测量模式下，用于打开电子水泡的显示

续表

按键	名称	功　　能
Space	空格键	在输入屏幕显示下，输入一个空格
Func	功能键	（1）在测量模式下，用于软键对应功能信息的翻页 （2）在程序菜单模式下，用于菜单的翻页
ENT	确认键	选择选项或确认输入的数据
Shift	切换键	（1）在输入屏幕显示下，在输入字母或数字间进行转换 （2）在测量模式下，用于测量目标的切换

4. 测量准备

（1）借助屏幕显示整平仪器

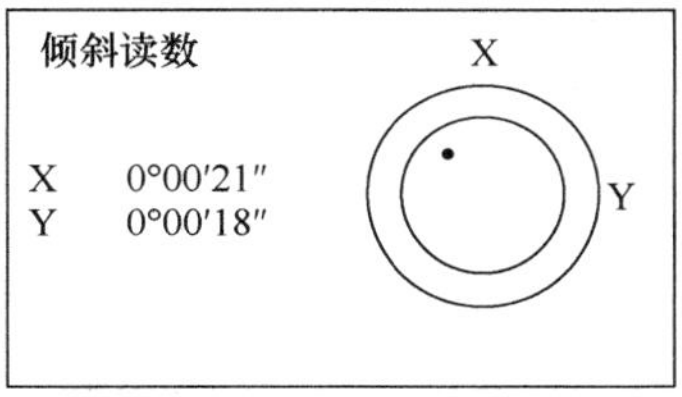

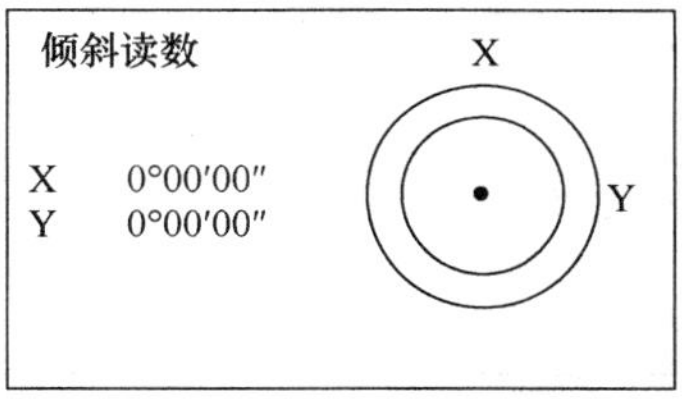

	操作步骤
倾斜读数　X　0°00′21″　Y　0°00′18″　　　　倾斜读数　X　0°00′00″　Y　0°00′00″	①按【ON】键开机； ②按【BS】键使电子水准器显示在屏幕上； ③使圆水泡居中； ④转动仪器照准部使望远镜平行于一对脚螺旋（A、B）连线后旋紧水平制动螺旋； ⑤旋转脚螺旋A、B使X方向倾角值为零，旋转脚螺旋C使Y方向倾角值为零； ⑥按【ESC】键结束。

（2）开机与关机

①按【POWER】键开机后，仪器首先进行自检，以检验其功能是否正常。对于600系列全站仪，仪器显示"请转动望远镜"的提示。

②转动望远镜，初始化后，仪器显示如下：

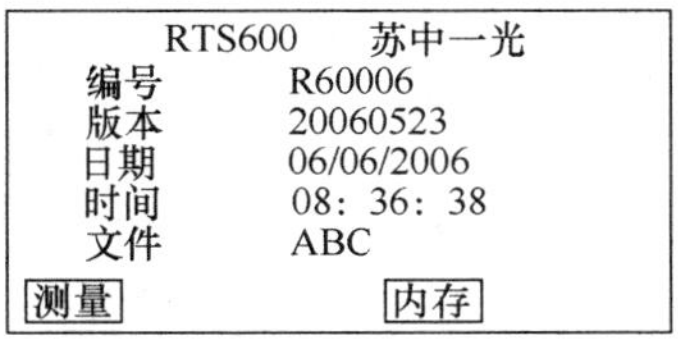

RTS600　苏中一光 编号　R60006 版本　20060523 日期　06/06/2006 时间　08：36：38 文件　ABC 测量　　内存	按【F1】键选择（测量）可进入测量模式 按【F3】键选择（内存）可进入内存模式 按【Cnfg】键可进行系统设置 按【★】键可进入星键设置模式
 正在关机…	仪器工作状态下，按住【POWER】键不要松开，仪器发出5下急促的连续蜂鸣后，出现如左图的显示，释放【POWER】键后，仪器关机。

5. 角度测量

(1) 两点间角度测量：用水平角"置零"功能可将任意方向的值设置为零。方法如下：

		操作步骤
① 测量　　　棱镜常数 0 　　　　　　　大气改正 0 斜　距 垂直角　　87°16'08"　I 水平角　　90°00'18"　P1 〔测距〕〔切换〕〔**置零**〕〔坐标〕	② 测量　　　棱镜常数 0 　　　　　　　大气改正 0 斜　距 垂直角　　87°16'08"　I 水平角　　0°00'00"　P1 〔测距〕〔切换〕〔**置零**〕〔坐标〕	照准目标点 ↓ 在测量模式第一页按【F3】键，此时 置零键开始闪动（图①） ↓ 再次按【F3】键，此时目标点方 向值已设定为零（图②） ↓ 照准另一个目标点 ↓ 此时所示水平角即为 目标之间的夹角（图③）
③ 测量　　　棱镜常数 0 　　　　　　　大气改正 0 斜　距 垂直角　　167°16'08"　I 水平角　　36°05'19"　P1 〔测距〕〔切换〕〔置零〕〔坐标〕		

(2) 已知方向设置：利用水平角功能"设角"可将照准方向设置为所需值，然后进行角度测量。方法如下：

		操作步骤
① 测量　　　棱镜常数 0 　　　　　　　大气改正 0 斜　距 垂直角　　87°16'08"　I 水平角　　90°00'18"　P1 〔程序〕〔锁定〕〔**设角**〕〔EDM〕	② 后视定向 1. 角度定向 2. 后视	照准目标点 ↓ 进入测量模式第二页（图①）， 按【F3】键 ↓ 通过方向键选择"1. 角度定向"， 按【ENT】键确认，或直接 按【1】键（图②），屏幕显示如图③ ↓ 输入已知方向值后按【ENT】键 将照准方向设置为所需值。 如图④，所设角度值为 12°30'05" ↓ 按【ESC】键，照准另一个目 标点，所显示的"水平角"即为 这两个目标点的夹角，如图⑤
③ 角度定向 水平角：▮	④ 角度定向 水平角：12.3005 ▮	
⑤ 测量　　　棱镜常数 0 　　　　　　　大气改正 0 斜　距 垂直角　　87°16'08"　I 水平角　　123°36'18"　P1 〔程序〕〔锁定〕〔设角〕〔EDM〕		

6. 距离测量

（1）基本参数设置

进入距离测量模式前应首先完成测距模式、反射器类型、棱镜常数改正值、大气改正值、EDM 接收的设置，具体方法如下：

	操作步骤
① 测量　　　　棱镜常数　 0 　　　　　　　大气改正　 0 斜　距 垂直角　　　167°16′08″　　 I 水平角　　　 36°05′19″　　 P1 | 程序 || 锁定 || 设角 || **EDM** |	① 进入测量模式的第二页。 ② 按【F4】键进入测距参数设置屏幕： ●按【↑】/【↓】键可选择需要设置的参数选项； ●按【←】/【→】键可对选择项进行选择，"测距模式"、"反射器"为选择项； ●对于设置项则可直接输入数值进行设置，"棱镜常数、温度、气压、大气改正"为设置项； ●当测距模式选择为均值精测的时候，可以通过按【F3】（↑）或【F4】（↓）键来改变测距次数； ●设置大气改正时，通过【F1】（OPPM）键将大气改正值设置为"0"，同时温度和气压值为默认值； ●大气改正值既可以直接输入，也可以通过输入温度和气压计算。
② EDM 测距模式　 :　重复精测 反射镜　　 :　免棱镜 棱镜常数　 :　0 温度　　　 :　20° 气压　　　 :　1013hPa 大气改正　 :　0 | 程序 || 锁定 || 设角 || EDM |	

（2）距离操作步骤

		操作步骤
① 测量　　　棱镜常数　 0 　　　　　　大气改正　 0 斜　距 垂直角　 87°16′08″　 I 水平角　 90°00′18″　 P1 | **测距** || 切换 || 置零 || 坐标 |	② 测距 重复测量　大气改正 0 ---------------　　　 **停**	照准目标，进入测量模式菜单的第一页（图①） ↓ 按【F1】键开始距离测量（图①），测距开始后，仪器闪动显示测距模式、棱镜常数改正值等信息（图②） ↓ 一声短响后屏幕上显示出斜距、垂直角和水平角的测量值（图③） ↓ 按【F4】键停止距离测量，按【F2】键可以使距离值的显示在斜距、平距和高差之间切换（图④）
③ 测量　　　棱镜常数　 0 　　　　　　大气改正　 0 斜　距　　 81.818m 垂直角　 87°16′08″　 I 水平角　 90°00′18″　 P1 ---------------　　 **停**	④ 测量　　　棱镜常数　 0 　　　　　　大气改正　 0 斜　距　　 81.818m 平　距　　 81.725m　 I 高　差　　　 3.900m　 P1 | 测距 || **切换** || 置零 || 坐标 |	

7. 坐标测量

		操作步骤
① 测量　　　　棱镜常数　　0 　　　　　　　大气改正　　0 斜　距 垂直角　　　　87°16′08″　　I 水平角　　　　90°00′18″　　P1 测距　切换　　置零　　坐标	② 坐标测量 1. 测站定向 2. 测量 3. EDM	量取仪器高和目标高进入测量 模式第一页（图①）按【F4】键 进入坐标测量屏幕（图②）
③ 坐标测量 1. 测站坐标 2. 后视定向	④ 测站坐标 NO ：　　　　　　0.000 EO ：　　　　　　0.000 ZO ：　　　　　　0.000 点　　　　1 仪器高　　　　0.000m 目标高　　　　0.000m 调取　记录　　　　OK	选择"测站定向"，进入屏幕（图③） ↓ 选择"测站坐标"，进入屏幕（图④） ↓ 输入测站坐标、仪器高和棱镜 高数据（图⑤），按【F4】 （OK）键确认输入的坐标值， 进入图⑥所示菜单
⑤ 测站坐标 NO ：　　　　8106.166 EO ：　　　　6635.005 ZO ：　　　　108.000 点　　　　1 仪器高　　　　1.500m 目标高　　　　1.15m 记录　　　OK	⑥ 坐标测量 1. 测站坐标 2. 后视定向	选择"后视定向"，进入菜单（图⑦） ↓ 选择"后视"进入图⑧所示 菜单，输入后视点的坐标
⑦ 后视定向 1. 角度定向 2. 后视	⑧ 后视坐标 NBS:　　　　8861.328 EBS :　　　　5960.206 ZBS:　　　　　89.560 点　　　　2 调取　　　　　　OK	按【F4】（OK）键确认输入的 后视点坐标（图⑧） ↓ 照准后视点按【F4】（YES）键 设置后视方向角（按【F3】 （NO）键返回重新输入后视 点坐标）（图⑨）
⑨ 后视定向 后视读数 垂直角　　　　87°16′08″ 水平角　　　　90°00′17″ 方位角 水平角　　　　316°07′52″ NO　YES	⑩ 坐标测量 1. 测站定向 2. 测量 3. EDM	照准目标上安装的棱镜，进入 "坐标测量"（图⑩），选择"测 量"开始坐标测量，在屏幕上显示 出所测目标点的坐标值（图⑪）
⑪ 坐标测量 N　　　　9645.079m E　　　　6320.006m Z　　　　　90.060m 垂直角　　　　87°16′08″ 水平角　　　　90°00′18″ 观测　仪高		↓ 照准下一目标点后按【F1】 （观测）键开始测量，用同样的 方法对所有目标点进行测量

8. 角度和距离放样

		操作步骤
① 程序菜单　　　　　　P1 1. 坐标测量 2. 放样测量 3. 面积测量 4. 偏心测量 5. 对边测量 6. 悬高测量 7. 后方交会	② 放样测量 1. 测站定向 2. 放样测量 3. EDM	进入测量模式第二页（图①），选择"放样测量"进入菜单（图②） ↓ 选择"测站定向"，参照坐标测量方法输入测站数据、设置后视方向角 ↓ 选择放样测量，进入菜单（图③）
③ 放样测量 1. 高度 2. 角度距离 3. 坐标	④ 放样测量　斜距 斜距　　　　　　0.000m 角度　　　　　0°00′00″ 　切换　　　　　　OK	↓ 选择"角度距离"进入菜单（图④），按【F2】（切换）选择距离输入模式。（每按一次【F2】，输入模式将在斜距、平距和高差之间切换）（图④，图⑤） ↓ 输入斜距/平距/放样值和角度放样值（图⑥） ↓ 转动仪器照准部至显示的"放样角度"值为0，将棱镜设立到所照准方向上。
⑤ 放样测量　平距 平距　　100.000　　　m 角度　　　45.0000 切换　　　　　　OK	⑥ 放样平距↑　　　−88.000m 　放样角度→　　68°36′27″ 斜　距　　　　16.000m 垂直角　　　87°16′08″ I 水平角　　　90°00′18″ 观测　　　　　　OK 注：←：将棱镜左移 　　→：将棱镜右移 　　↓：将棱镜移向测站 　　↑：将棱镜远离测站	按【F1】（观测）键开始测量，屏幕上显示出距离实测值和放样值之差。然后在照准方向上将棱镜移向或远离测站使"放样平距"的值为零 ↓ 按【F4】（OK）键结束放样，返回"放样测量"屏幕

9. 坐标存储

测站、角度数据、距离数据、坐标数据的存储情况相似，这里只介绍存储测站数据。

		操作步骤
① 测量　　　棱镜常数　0 　　　　　　　大气改正　0 斜　距 垂直角　　　87°16′08″　　I 水平角　　　90°00′18″　　P3 [补偿]　[偏心]　[记录]　[后交]	② 记录　　JOB1 1. 测站数据 2. 角度数据 3. 距离数据 4. 坐标数据 5. 距离和坐标 6. 标记 7. 数据查找	进入测量模式的第三页显示（图①），按【F3】（记录）进入"记录"菜单（图②） ↓ 选择测站数据 ↓ 输入测站坐标、点号、仪器高、代码、用户、日期、时间、天气、风、温度、气压、大气改正（图③，图④，图⑤）↓
③ NO：　　　　　0.000 　EO：　　　　　0.000 　ZO：　　　　　0.000 　点 　仪器高　　　　0.000m 　代码 　用户 [OK]　　　　　[调取]	④ NO：　　　　200.000 　EO：　　　　200.000 　ZO：　　　　20.000 　点　　　　　FOIF 　仪器高　　　0.000m 　代码　　　　SUN 　用户　　　　FOIF [OK]	核对输入的数据后，按【F1】（OK）键存储
⑤ 日期　　　：01/01/2006 　时间　　　：08：08：18 　天气　　　：晴 　风　　　　：无风 　温度　　　：20℃ 　气压　　　：1013hPa 　大气改正　：0 [OK]		

10. 文件操作

(1) 文件的选取

		操作步骤
① 内存 1. 文件 2. 已知数据 3. 代码	② 文件 1. 文件选取 2. 文件更名 3. 文件删除 4. 通讯输出 5. 通讯设置	进入内存模式（图①） ↓ 选取"1. 文件"进入<文件>菜单（图②） ↓ 选取"文件选取"进入<文件选取>菜单（图③） ↓
③ 文件选取 ：JOB2 S.F.=1.000000 查找文件 ：JOB1 [列表]　　　　[S.F.]	④ 文件选取　　　　　　P1 JOB1　　56 JOB2　　123 JOB3　　87 JOB4　　21 JOB5　　12 JOB6　　20 JOB7　　12	按【F1】（列表）键列出文件名清单（图③） ↓ 将光标置于所需的文件名上后，按【ENT】键将该文件选取为当前文件（图④），返回<文件选取>菜单（图⑤） ↓
⑤ 文件选取 ：JOB2 S.F.=1.000000 查找文件 ：JOB1 [列表]　　　　[S.F.]	⑥ JOB1 S.F.=[1.000000]	按【F4】（S.F.）键进入比例因子输入界面（图⑥），输入之后按【ESC】键返回<文件选取>菜单

（2）文件更名

		操作步骤
① 内存 1. 文件 2. 已知数据 3. 代码	② 文件 1. 文件选取 2. 文件更名 3. 文件删除 4. 通讯输出 5. 通讯设置	进入内存模式（图①） ↓ 选取"文件"进入＜文件＞ 菜单（图②） ↓ 将待更名的文件选取为当前文件， 选取"文件更名"进入＜文件 更名＞菜单（图③） ↓ 输入新文件名，按【ENT】键完成 更名操作（图④）， 返回＜文件＞菜单
③ 文件更名 JOB2	④ 输入新文件名 FOIFJOB02	

（3）通讯输出

		操作步骤
① 文件 1. 文件选取 2. 文件更名 3. 文件删除 4. 通讯输出 5. 通讯设置	② 数据输出 P1 JOB1 56 JOB2 123 JOB3 87 JOB4 21 JOB5 12 JOB6 20 JOB7 12	将仪器与计算机通过通讯电缆 连接好，并在计算机上运行 FOIF_Exchange610 软件，设置 仪器通讯参数与 FOIF_Exchange610 通讯程序的通讯参数一致（方 法：在任何屏幕下按【Cnfg】 进入＜设置＞模式菜单 选择"通讯设置"） ↓ 在内存模式下，选取"文件" 进入＜文件＞菜单（图①） ↓ 选取"通讯输出"进入＜通讯 输出＞操作菜单（图②），将 光标移至待输出文件名后按【ENT】 键，仪器显示通讯输出状态（图③） ↓ 数据发送完毕之后，仪器 自动返回＜通讯输出＞界面。
③ 数据输出 发送 122		

附录 8　科力达 KTS-550 全站仪基本构造和功能介绍

1. 各部件名称（附图 8-1）

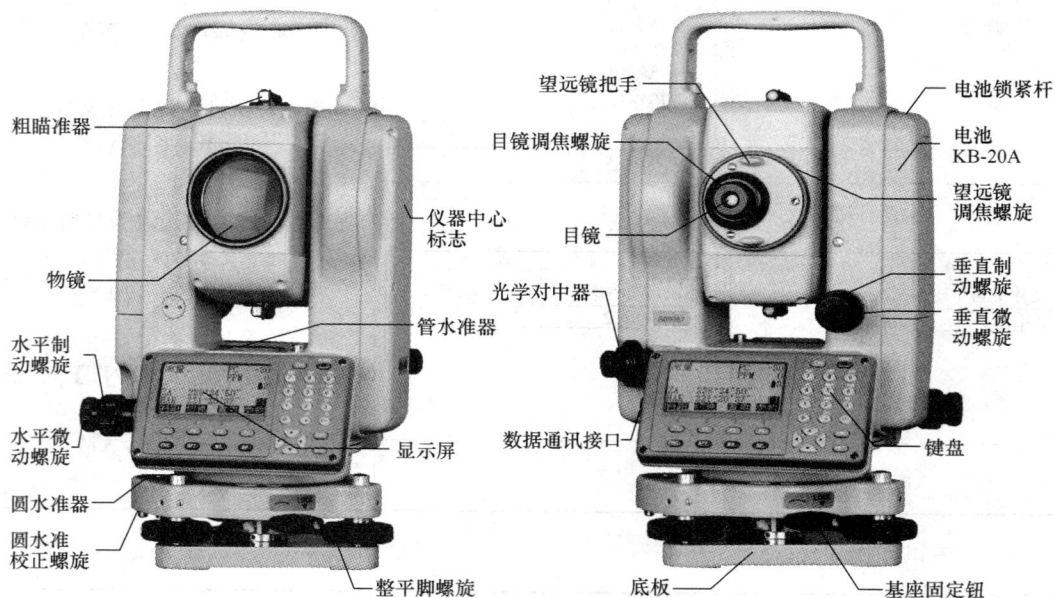

左图标注：
粗瞄准器
仪器中心标志
物镜
水平制动螺旋
水平微动螺旋
圆水准器
圆水准校正螺旋
整平脚螺旋
管水准器
显示屏

右图标注：
望远镜把手
目镜调焦螺旋
目镜
光学对中器
数据通讯接口
底板
电池锁紧杆
电池 KB-20A
望远镜调焦螺旋
垂直制动螺旋
垂直微动螺旋
键盘
基座固定钮

附图 8-1　科力达 KTS-550 全站仪各部件名称

2. 显示屏（附图 8-2）

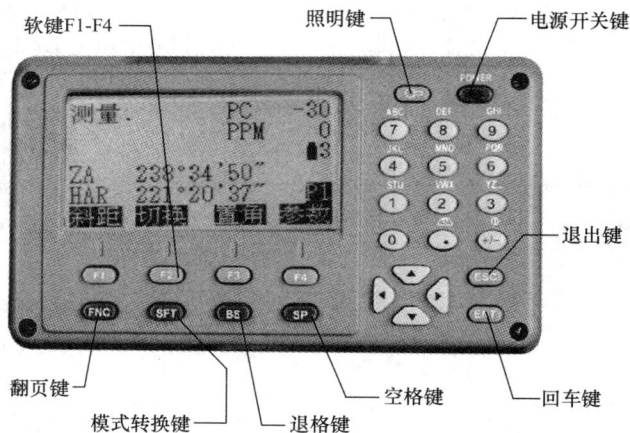

标注：
软键 F1-F4
照明键
电源开关键
退出键
回车键
空格键
退格键
模式转换键
翻页键

附图 8-2　科力达 KTS-550 全站仪显示屏

3. 按键说明

（1）仪器出厂时在测量模式下各软键的功能：

名称	功　能
平距（斜距或高差）	开始测量距离
切换	选择测距类型（在平距、斜距、高差之间切换）

名称	功 能
置角	已知水平角设置
参数	距离测量参数设置
置零	水平角置零
坐标	开始坐标测量
放样	开始放样测量
记录	记录观测数据
对边	开始对边测量
后交	进行后方交会测量
菜单	显示菜单模式
高度	设置仪器高和目标高

（2）各操作键名称及功能：

名称	功 能
ESC	取消前一项操作，由测量模式返回显示状态
FNC	软件功能菜单，换页
SFT	打开或关闭转换（SHIFT）模式
BS	删除左边一空格
SP	输入一空格
▲	光标上移或向上选取选择项
▼	光标下移或向下选取选择项
◀	光标左移或选取另一选择项
▶	光标右移或选取另一选择项
ENT	确认输入或存入该行数据并换行
1～9	数字输入或选取菜单项
.	小数点输入
+/-	输入符号

（3）显示符号及其含义：

符号	含 义
PC	棱镜常数
PPM	气象改正数
ZA	天顶距（天顶 0°）
VA	垂直角（水平 0°/水平 0°±90°）
%	坡度

符号	含　义
S	斜距
H	平距
V	高差
HAR	右角
HAL	左角
Hah	水平角锁定
⊥	倾斜补偿有效

（4）菜单表：

名称		功　能
测量模式菜单	测距	进行距离测量
	切换	选择测距类型（在斜距、平距和高差之间选择）
	置零	水平角置零
	置角	已知水平角设置
	左/右角	左/右水平角的选取
	复测	水平角复测
	锁角	水平角的锁定与解锁
	ZA/％	天顶距与坡度（％）的转换
	高度	仪器高和目标高的设置
	记录	记录数据
	悬高	进行悬高测量
	对边	进行对边测量
	最新	显示最后测量的数据
	查阅	显示所选工作文件中的观测数据
	参数	进行测距参数和模式（大气改正数、棱镜常数和测距模式等）
	坐标	进行坐标测量
	放样	进行放样测量
	偏心	进行偏心测量
	菜单	进入菜单模式
	后交	进行后方交会测量
	输出	向外部设备输出测量结果
	F/M	英尺与米的转化
	面积	面积测量与计算

续表

名称		功　　能
记录模式菜单	距离数据	记录距离测量数据
	坐标数据	记录坐标测量数据
	角度数据	记录角度测量数据
	测站数据	记录测站数据
	注释数据	记录注释数据
	查阅数据	调阅工作文件中的数据
内存模式菜单	工作文件	工作文件的选取和管理
	已知数据	已知数据的输入与管理
	代码	代码的输入与管理

4. 测量准备

仪器的开机如下图所示，关机时按住【POWER】键3s。

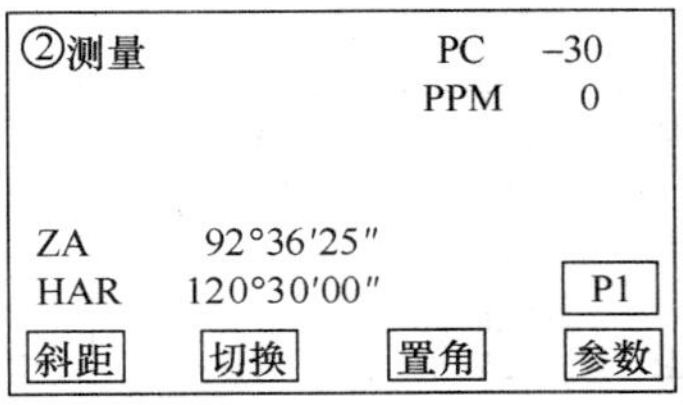

		操作步骤
① 初始化…	②测量　　　PC　−30 　　　　　　PPM　　0 ZA　　　92°36′25″ HAR　　120°30′00″　　P1 斜距　切换　置角　参数	打开电源 ↓ 仪器自动进行自检（图①） ↓ 若自检正常，仪器显示如图②所示

5. 角度测量

（1）两点间水平角的测量（水平方向置零）：测定两点间的夹角，可将其中任一方向设置成零度。

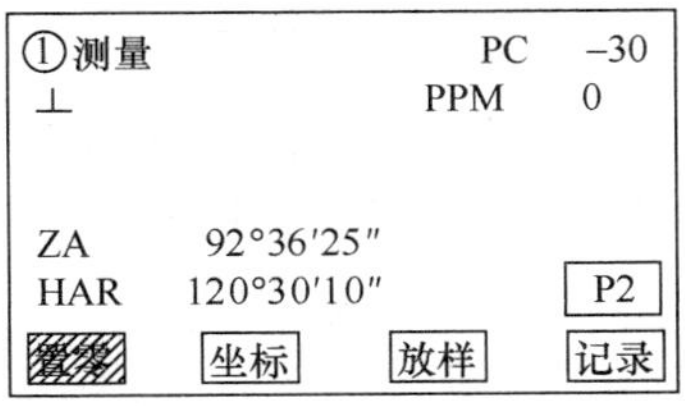

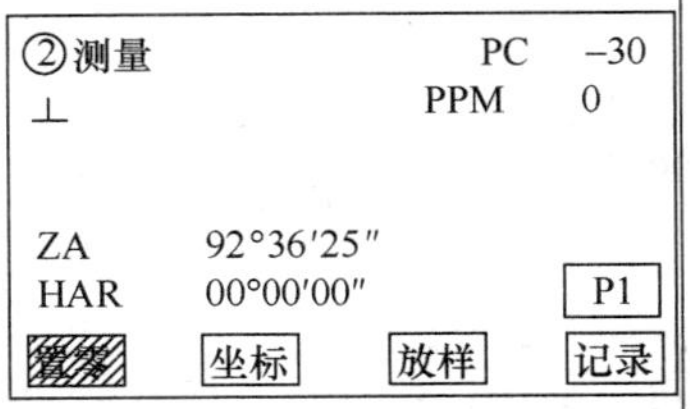

		操作步骤
①测量　　　PC　−30 ⊥　　　　　PPM　　0 ZA　　　92°36′25″ HAR　　120°30′10″　　P2 ▨　坐标　放样　记录	②测量　　　PC　−30 ⊥　　　　　PPM　　0 ZA　　　92°36′25″ HAR　　00°00′00″　　P1 ▨　坐标　放样　记录	在测量模式第一页菜单下 按【FNC】键进入第二页菜单 （图①），然后照准方向 ↓ 按【置零】键，置零出现闪烁后， 再次按【置零】键（图②），水平角 方向值被设置成0°00′00″

注：第一次【置零】键按下后10s内不进行第二次操作按键，则自动恢复原来的水平角度。

（2）将水平方向角设置为所需方向角：

		操作步骤—利用"置角"功能
①设置方向角 HAR : 后视	②设置水平角 ⊥ HAR: 90.3020 后视	照准目标，在测量模式第一页菜单下，按【置角】键，显示如图① ↓ 由键盘输入已知方向值（图②） ↓ 按【ENT】键，则显示输入 的已知值（图③）
③测量 PC −30 ⊥ PPM 0 ZA 92°36′25″ HAR 90°3 0′40″ P1 斜距 切换 置角 参数		

		操作步骤—利用"锁角"功能
①测量 PC −30 ⊥ PPM 0 ZA 92°36′25″ HAR 30°25′18″ P1 斜距 切换 锁角 参数	②测量 PC −30 ⊥ PPM 0 ZA 92°36′25″ HAR 30°25′18″ P1 斜距 切换 锁角 参数	在测量模式下，使之显示出 "锁角"功能（图①） ↓ 用水平制动螺旋和微动手轮 使显示窗内显示出所需方向 值，按【锁角】键两次，显示的 HAR 处于锁定状态（图②） ↓ 照准方向后按【锁角】解锁， 将照准方向设为所需方向值

（3）水平角显示选择（左角 HAL/右角 HAR）

		操作步骤
①测量 PC −30 ⊥ PPM 0 ZA 92°36′25″ HAR 30°25′18″ P1 斜距 切换 右角 参数	②测量 PC −30 ⊥ PPM 0 ZA 92°36′25″ HAL 329°34′42″ P1 斜距 切换 左角 参数	在测量模式下，显示出"右角" 功能，此时，水平角以 HAR （右角）形式（图①） ↓ 按【右角】键，水平角显示 HAL （左角）（图②），再按【左角】， 则转换成右角

6. 距离测量

		操作步骤

① 温度:　　　　　20℃
气压:　　　　　1013.0hPa
PPM :　　　　　0
PC:　　　　　−30
模式: 单次精测

OPPM

② 测量　　　　　　　　　PC　　−30
⊥　　　　　　　　　　PPM　　0
S　　　　　　　　　　　　　　m

ZA　　　92°36′25″
HAR　　35°25′18″　　　　　　P1

斜距　切换　置角　参数

参数设置: 在测量模式第一页菜单下,按【参数】键进入距离测量参数设置菜单(图①)。设置温度、气压、大气改正数 PPM,棱镜常数改正值和测距模式。

设置完按【ENT】键

↓

测量模式第一页菜单按【切换】键,选取所需测距类型(每按一次【切换】键,就在斜距、平距和高差之间转换一次)(图②)

↓

按【斜距】键开始测量(图③),距离测量完成时仪器发出一声短响,显示如图④(多次测量的第一次)、图⑤(多次测量的第二次)

↓

进行重复测距结束后,显示距离值的平均值(S-A)(图⑥),若按【停止】键,则停止测距,显示最后一次测距结果

③ 距离测量
⊥ 距离　镜常数　= −30
　　　　　PPM　= 0
重复精测

停止

④ 测量　　　　　　　　　PC　　−30
⊥　　　　　　　　　　PPM　　0
S　　　　　　　2.648m
ZA　　　92°36′25″
HAR　　30°25′18″

停止

⑤ 测量　　　　　　　　　PC　　−30
⊥　　　　　　　　　　PPM　　0
S-1　　　　　　　2.648m
ZA　　　92°36′25″
HAR　　30°25′18″

停止

⑥ 测量　　　　　　　　　PC　　−30
⊥　　　　　　　　　　PPM　　0
S-A　　　　　　　2.645m
ZA　　　92°36′25″
HAR　　30°25′18″

斜距　切换　置角　参数

注: 在 N 次精测求取平均值时,所得距离值显示为 S−1,S−2,……。

7．坐标测量

（1）测站数据及方向角设置

		操作步骤
① 坐标测量 　1.测量 　2.设置测站 　3.设置方向角	② NO：　　　　　0.000 EO：　　　　　0.000 ZO：　　　　　0.000 仪器高：　　　0.000m 目标高：　　　0.000m 取值　记录　　　　确定	
		在测量模式菜单下，按【坐标】键 进入坐标测量菜单（图①） ↓ 选取"设置测站"，按【ENT】键， 进入菜单（图②） ↓
③ NO：　　　　100.000 EO：　　　　100.000 ZO：　　　　 10.000 仪器高：　　　1.600m 目标高：　　　2.000m 　记录　　　　确定	④ 坐标测量 　1.测量 　2.设置测站 　3.设置方向角	输入测站点坐标、仪器高和 目标高，每输入完一项后按 【ENT】键（图③） ↓ 按【确定】键返回坐标测量菜单 （图④），选取"设置方向角" 之后按【ENT】键进入 菜单（图⑤） ↓
⑤ 设置方向角 HAR： 后视	⑥ 后视坐标 NBS：　　　　200.000 EBS：　　　　200.000 ZBS：　　　　 20.000 取值　　　　　确定	按【后视】键，进入方向角设置 菜单（图⑥），输入后视点坐标 值后，每输入完一个数据按 【ENT】键，之后按【确定】键， 进入菜单（图⑦） ↓
⑦ 设置方向角 　请照准后视 　HAR：45°00′00″ 否　　是	⑧ 坐标测量 　1.测量 　2.设置测站 　3.设置方向角	照准后视点后按【是】键，结束 方向角设置返回坐标测量 菜单屏幕（图⑧）

（2）坐标测量

		操作步骤
① 坐标测量 坐标　　镜常数 = −30 　　　　PPM = 0 　　　　单次精测 　　　　　　　停止	② N：　　　1534.688 E：　　　1048.234 Z：　　　21.579 S：　　　82.450m HAR：　12°34′34″　　停止	精确照准棱镜中心，在坐标测量 菜单上选取"1.测量"后按 【ENT】键进入坐标测量菜单（图①） ↓ 测量完成后，显示如图②所示，若 仪器设置为重复测量模式，按 【停止】键来停止测量并 显示测量值（图③） ↓ 如需将坐标数据记录于工作文件， 在图③所示状态下按【记录】键， 进入图④，输入点名后按 【ENT】键，进入图⑤，再输入 编码后按【ENT】键， 按【存储】键记录数据 ↓ 照准下一目标点，按【观测】 键开始下一坐标点的坐标 测量（图⑥） ↓ 按【ESC】键结束坐标测量并 返回坐标测量菜单（图⑦）
③ N：　　　1534.688 E：　　　1048.234 Z：　　　21.579 S：　　　82.450m HAR：　12°34′34″ 记录　测站　　　观测	④ N：　　　1534.688 E：　　　1048.234 Z：　　　21.579 点名：　6 目标高：　　　1.600m　↓ 存储	
⑤ 编码　　　　↑ . . . 存储　　↑　　↓	⑥ N：　　　1534.688 E：　　　1048.234 Z：　　　21.579 S：　　　82.450m HAR：　12°34′34″ 　　　　测站　　　观测	
⑦ 坐标测量 1.测量 2.设置测站 3.设置方向角		

8. 数据记录与文件设置

(1) 选取工作文件

在记录数据之前，应选取记录数据文件。观测数据、测站数据和注释数据都可以记录到工作文件中。共有 24 个工作文件可供使用，名称分别为 JOB01、JOB02、……、JOB24。仪器在出厂时将 JOB01 选为当前工作文件，用户可以选取任意一个工作文件作为当前工作文件。操作过程如下：

		操作步骤
①内存.工作文件 1. 工作文件选择 2. 工作文件删除 3. 工作文件输出 4. 工作文件输入 5. 键入文件数据	②内存.工作文件选择 JOB01　　　　20 JOB02　　　　8 JOB03　　　　10 JOB04　　　　0 ↓ 　 |↑↓P|　|最前|　|最后|　|编辑|	在内存模式下选取"1. 工作文件"后按【ENT】键进入工作文件管理屏幕（图①） ↓ 选取"工作文件选择"后按【ENT】键，显示如图②，所有文件分 6 页显示，右边一列数字表示已存储的记录个数。
③ 　读取坐标工作文件 JOB01 　 　 　　　　　　　|确定|	④内存.工作文件 1. 工作文件选择 2. 工作文件删除 3. 工作文件输出 4. 工作文件输入 5. 键入文件数据	↓ 工作文件选区后，屏幕提示"读取坐标工作文件"的选择，按光标的左右键◀、▶选取文件名（图③） ↓ 按【确定】键选取并返回工作文件管理屏幕（图④）

注：移动光标：▼或▲；改变光标移动方式：\|↑↓P\|。当显示\|↑↓P\|时，移动光标按行移动；当显示**↑↓P**时，移动光标按页移动；光标移至工作文件名表开始处（末尾处）按【最前】（【最后】）

(2) 更改工作文件名

		操作步骤
①内存.工作文件 *JOB01　　　20 *JOB02　　　11 　JOB03　　　0 　JOB04　　　62 　 |↑↓P|　|最前|　|最后|　|编辑|	②内存.工作文件编辑 文件　JOBM1	按照选取工作文件的步骤使屏幕显示如图① ↓ 将光标放置于更改名称的工作文件名上，按【编辑】键（图①）
③内存.工作文件 *JOBM1　　　20 *JOB02　　　11 　JOB03　　　0 　JOB04　　　62 　 |↑↓P|　|最前|　|最后|　|编辑|		↓ 进入图②所示屏幕，输入新的文件名 ↓ 按【ENT】键显示回复工作文件选取屏幕（图③）

（3）工作文件输出

		操作步骤
①内存.工作文件 1.工作文件选择 2.工作文件删除 3.工作文件输出 4.工作文件输入 5.键入文件数据	②内存.工作文件 *JOB01　　20 *JOB02　　11 JOB03　　　0 JOB04　　62　↓ ↑↓P　最前　最后	传输前将数据线连接好，通讯参数设置一致（在测量界面按【ESC】键进入，状态屏幕下按【配置】键，进入配置屏幕，选取"4.通讯参数设置"后按【ENT】键进入通讯设置操作菜单） ↓ 在内存模式下选取"1.工作文件"后按【ENT】键进入工作文件管理菜单（图①），选取"3.工作文件输出"后按【ENT】键，进入屏幕（图②） ↓ 选取待输出的工作文件名后按【ENT】键，开始数据输出（图③） ↓ 输出结束后，显示返回输出工作文件屏幕（图④）。此时又可选取并输出另一工作文件（传输后，文件的"＊"消失）
③内存.工作文件输出 格式：SDR33 文件：JOB01 正在发送　　10 停止	④内存.工作文件 JOB01　　20 *JOB02　　11 JOB03　　　0 JOB04　　62　↓ ↑↓P　最前　最后	

2.6　数字化机助成图

2.6.1　基础知识

数字测图（Digital Surveying and Mapping，简称 DSM）系统，是指以计算机为核心，外连输入输出设备，在硬件和软件的支持下，对地形数据进行采集、输入、成图、绘图、输出和管理的测绘系统。广义的数字化测图主要包括：地面数字测图、航测数字测图、计算机地图制图。数字测图系统的流程主要由数据输入、数据处理和数据输出三大部分组成，如图 2.6-1 所示。

数字成图软件是一种融合数据采集和图形编辑于一体的软件系统。它具有 GIS 前端的数据采集——图形属性集成处理功能；可以方便地制作出符合国家规范的地形图和地籍图；内置丰富的图形编辑、加工和整饰功能；支持完整的数字地面模型建立、土方计算和工程断面图的绘制；具备放样和平差等计算功能；支持各种地籍、土地报表的输出；此外，一般还具有系统功能扩展能力。常见的数字测图软件有南方测绘仪器公司开发的 CASS 软件，威远图公司开发的 SV300 软件，开思测绘软件公司开发的 SCS 软件系列等。

随着计算机、地面测量仪器如全站仪和 GPS 等现代测量仪器的广泛应用，数字化测图软件功能不断增强，数字测图在工程中得到快速普及，它使大比例测图走向了自动化、数字化，实现了高精度。本次实验以南方测绘公司开发的 CASS 软件为基础，学习数字化

数字化测图流程　　　　　　　　　测图软件的相应功能及操作

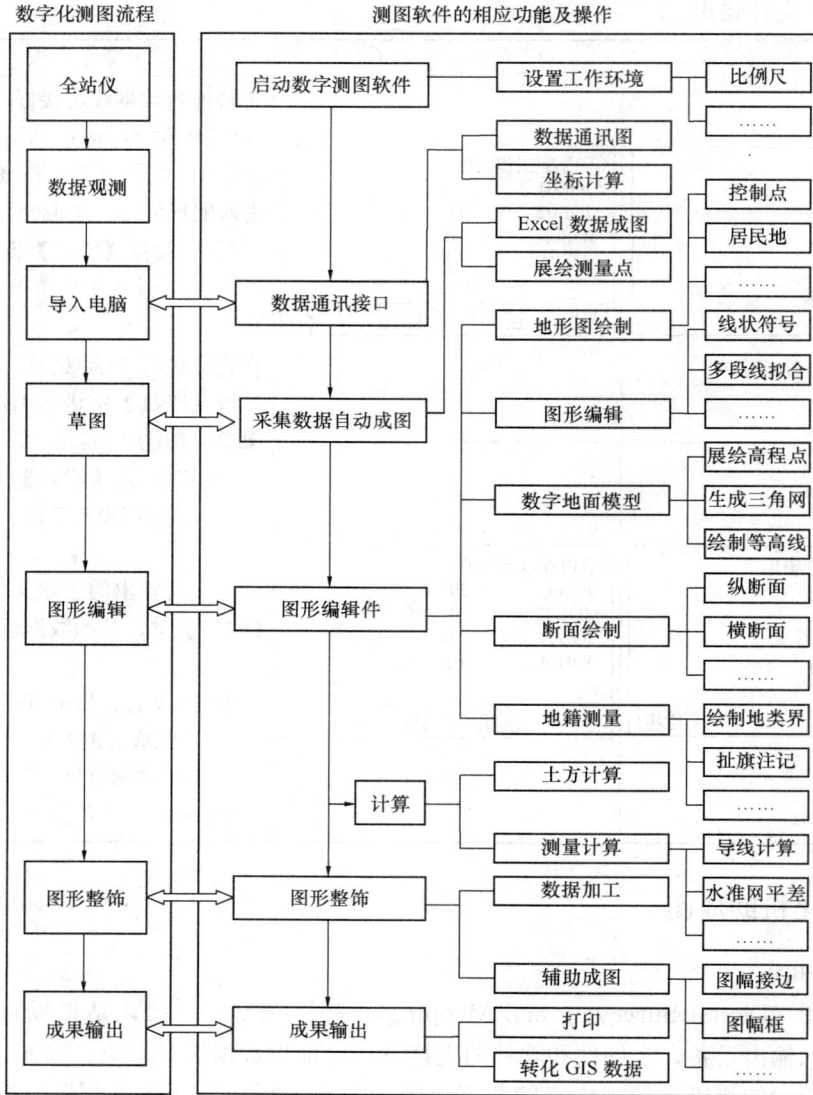

图 2.6-1　数字测图作业流程

测图的方法与主要步骤。

2.6.2　实验目的

（1）理解数字成图的基本原理和方法；

（2）掌握 CASS 测图软件的主要结构和基本操作流程。

2.6.3　实验仪器

（1）实验室配备：装有 CASS 软件的计算机 1 台，绘图仪 1 台，图纸若干张。

（2）自备：根据 2.5 节实验中采集的地物、地貌特征点测量数据建立的数据文件 1 份及草图 1 张。

2.6.4　实验内容

利用编程计算器或 Excel 表格，将 2.5 节实验中采集的地物、地貌特征点的极坐标测量数据转换为直角坐标，建立满足 CASS 软件成图所需要的数据文件；利用 CASS 软件把数据文件导入计算机中，建立各测点之间的线、面几何关系，形成一张比例尺为 1∶500 的 *.dwg 数字地形图。

2.6.5 实验步骤

双击电脑桌面上的图标"南方CASS7.1成图系统"，启动 CASS 软件，进入 CASS 软件主界面，如图 2.6-2 所示。

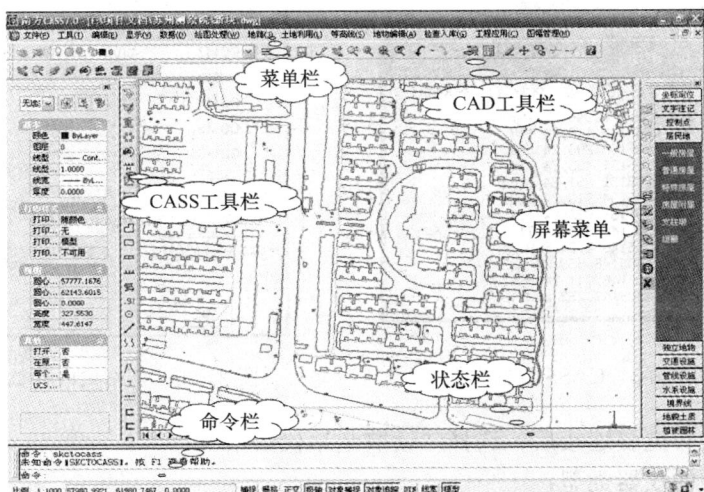

图 2.6-2 CASS 软件主界面

1. 数据下载

进入 CASS 系统之后，数据进入 CASS 都要通过"数据"菜单，用户可以通过测图精灵和手工输入原始数据来输入，也可以通过读取全站仪数据的方法下载数据，如图 2.6-3 所示。

（1）自制数据文件的操作方式

将外业观测数据通过内业计算转换，得到直角坐标格式数据，用文本文件编辑，并以 *.dat 格式保存。

由于 CASS 系统中测量坐标与屏幕坐标是对应的，而 AutoCAD 的坐标系（数学坐标系）与测量坐标系的 x、y 轴正好相反，所以输入点的空间测量坐标值时，要先输入 y，后输入 x 值。

CASS 数据文件结构如下：

点名，编码，Y（东）坐标，X（北）坐标，高程

其中：

①文件内每一行代表一个点；

②每个点 Y（东）坐标、X（北）坐标、高程的单位均是"米"；

③编码内不能含有逗号，即使编码为空，其后的逗号也不能省略；

④所有的逗号不能在全角方式下输入，应按半角的方式输入；

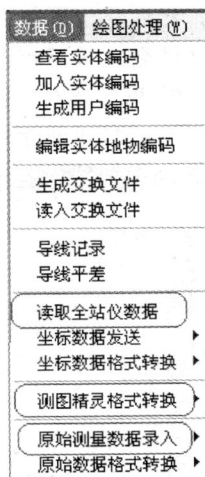

图 2.6-3 CASS 数据菜单

77

⑤点号可按个人习惯的方式编制，如按测站索引方式编制等，编码对 CASS 数据文件可取常数或字母，甚至可以空缺。

图 2.6-4 所示为一个 CASS 数据文件。

（2）读取全站仪数据的操作方式

如图 2.6-5 所示，CASS 系统中包含了多种全站仪数据下载的程序，可以直接利用 CASS 系统将全站仪测量记录的数据转换为所要求的坐标数据文件，具体流程为：

图 2.6-4 CASS 数据文件

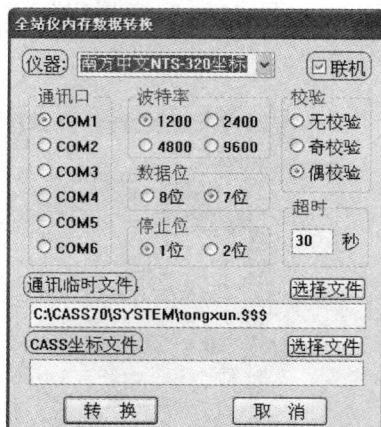

图 2.6-5 全站仪内存数据转换

①将全站仪与电脑连接后，选择"读取全站仪数据"；

②选择正确的仪器类型；

③选择"CASS 坐标文件"，选定转换后存放坐标文件的文件夹，输入自己需要的坐标文件名；

④点击"转换"，即可将全站仪里的数据转换成标准的 CASS 坐标数据。

如果仪器类型里没有所需型号或无法通讯，可先用该仪器自带的传输软件将数据下载，然后将"联机"去掉，"通讯临时文件"选择下载的数据文件，"CASS 坐标文件"输入文件名，最后点击"转换"，也可完成数据的转换。

2. 展绘点位

对于新建的文件，首先要启动模板 ACAD.DWT，如图 2.6-6 所示。

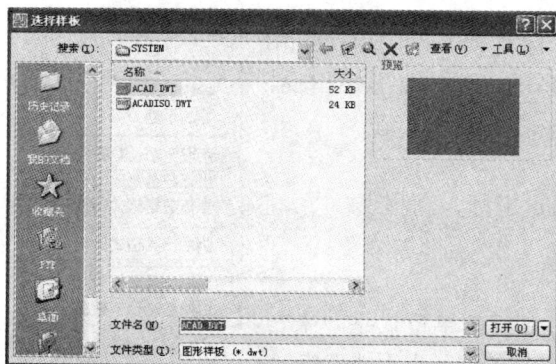

图 2.6-6 启动模板 ACAD.DWT

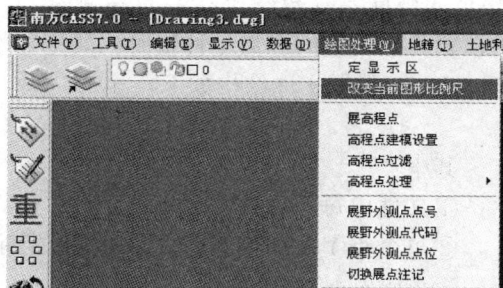

图 2.6-7 比例尺的设定

　　在建立文件后，首先要确定当前工作比例尺。如图 2.6-7 所示，点击菜单栏【绘图处理】下面的"改变当前图形比例尺"，在提示或命令栏中输入 500，即设置本次实验比例尺为 1∶500。

　　利用菜单栏"数据"中的"读取全站仪数据"得到坐标文件，或通过调用自制的数据文件，便可在图形上展出各点点名、代码、坐标、高程等，以便下一步绘制成图。

　　具体操作流程为：

　　①点击菜单栏【绘图处理】下面的"展高程点"、"展野外测点点号"、"展野外测点代码"、"展野外测点点位"中任一命令，如图 2.6-8 所示，将弹出标题栏为"输入坐标数据文件名"的对话框。

　　②找到并输入∗.dat 坐标文件，如图 2.6-9 所示。

　　③输入对应文件后，如果格式正确，系统会自动将点位及点号或代码展绘在相应图层中。可根据绘图需要，点击【绘图处理】下拉菜单中的"切换展点注记"命令，选择显示或隐藏所展绘点的点名、点位、代码和高程。

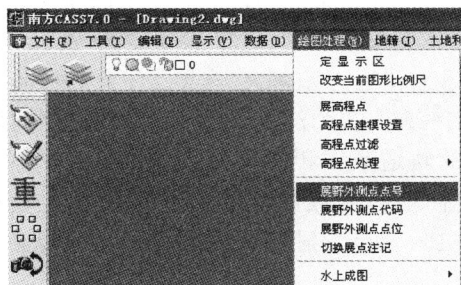

图 2.6-8　调用数据文件

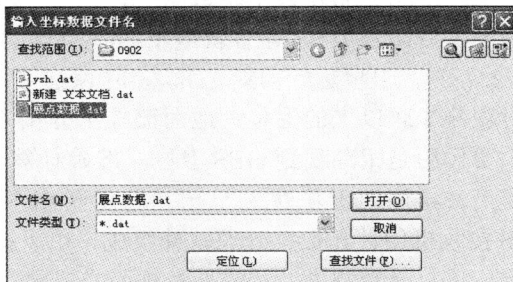

图 2.6-9　输入坐标数据文件名

　　④如果屏幕中无图形显示，可点击菜单栏【显示】下拉菜单"显示缩放"的"范围"命令，则空间点位数据窗口中光标所在点置于当前图形窗口；也可点取"显示缩放"菜单下"全部"，使全图在屏幕中显示，如图 2.6-10 所示。

　　3．绘制成图

　　根据绘图员勾勒的草图，对照屏幕中展绘的各点，借助屏幕定位、坐标定位、点名定位 3 种方式及 AutoCAD 的捕捉功能绘制成图；然后利用 CASS 界面右边【屏幕菜单】中的各种附属功能，如文字注记，植被园林和相关编辑工具，完成地形图的绘制。

　　4．整饰图形

　　对已有图形进行细节上的编辑修改，如文字注记、文字遮盖、文字及符号位置调整等。

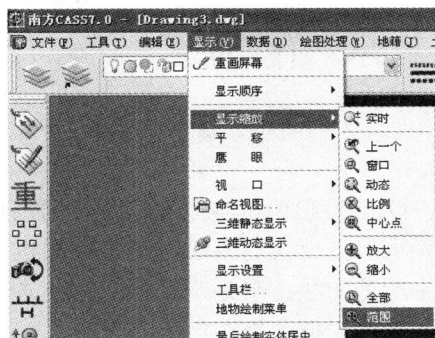

图 2.6-10　缩放菜单

　　5．成果输出

　　将绘制完的图形文件存为∗.dwg 文件，实验完毕后每个小组上交一份 A4 大小的打印图纸。

2.6.6 注意事项

（1）上机前每个小组应该根据本书 2.5 节实验采集的数据，做好 CASS 软件所需的文本文件；

（2）为保证实验室计算机的安全，在连接好 U 盘后应先进行杀毒，然后再使用；

（3）数据处理前，应先熟悉软件的工作环境和主要菜单功能，不要急于作图；

（4）每个小组一台电脑，每个小组成员都要上机操作学习；

（5）在规定时间内未完成绘图的小组可先将文件保存，拷贝带走，回去之后用自己的电脑完成图形的绘制。

2.7 GPS 信号接收机的认识和使用

2.7.1 基本知识

GPS 由三大部分构成：GPS 卫星星座（空间部分），地面控制系统（控制部分）和 GPS 信号接收机（用户部分），三者的关系如图 2.7-1 示。GPS 卫星星座由 24 颗卫星组成，卫星均匀分布在 6 个轨道面内，每个轨道面上分布有 4 颗卫星，卫星轨道面相对地球赤道面的倾角约为 55°，各轨道平面升交点的赤经相差 60 度，轨道平均高度为 22000km（图 2.7-2），卫星运行周期 11h58min 保证了在地球上和近地空间任一点、任何时候均可同时观测 4 颗以上的卫星。地面监控部分由 1 个主控站、3 个注入站和 5 个监控站组成，其主要作用是跟踪观测 GPS 卫星，准确计算卫星的轨道数据和时钟偏差，计算并编制卫星星历，定期向卫星注入星历，起用备用卫星代替工作实效的卫星。用户设备主要由 GPS 接收机硬件和数据处理软件组成，用以接收 GPS 卫星发射的无线电信号，获得必要的定位信息及观测量，经数据处理而完成定位工作。

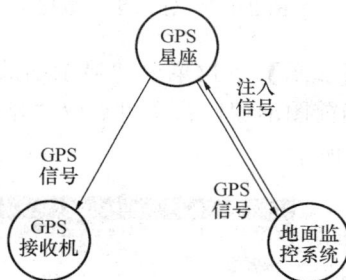

图 2.7-1　GPS 三大组成部分

图 2.7-2　GPS 卫星星座

GPS 定位的基本原理，是根据高速运动卫星的瞬间位置作为已知起算数据，采用空间距离后方交会的方法，确定待测点的位置。GPS 的定位方法，按用户接收机天线在测量中所处的状态来分，可分为静态定位和动态定位；若按定位的结果来分，可分为绝对定位和相对定位。静态定位，即在定位过程中，接收机天线（观测站）的位置相对于周围地面点而言，处于静止状态；而动态定位则正好相反，即在定位过程中，接收机天线处于运动状态，定位结果是连续变化的。绝对定位亦称单点定位，是利用 GPS 独立确定用户接收机天线（观测站）在 WGS—84 坐标系中的绝对位置；相对定位则是在 WGS—84 坐标系中确定收机天线（观测站）与某一地面参考点之间的相对位置，或两观测站之间相对位置的方法。各种定位方法还可有不同的组合，如静态绝对定位、静态相对定位、动态绝对定位、动态相对定位等。目前工程、测绘领域，应用最广泛的是静态相对定位和动态相对定位。按相对定位的数据解算是否具有实时性，又可将其分为后处理定位和实时动态定位（RTK），其中，后处理定位又可分为静态（相对）定位和动态（相对）定位。

GPS定位方法与传统的测量方式相比，具有定位精度高、测站间无需通视、观测时间短、能提供三维坐标、全天候作业以及操作简便等优点，目前已在众多领域得到推广使用。本节主要以Trimble5700 GPS信号接收机为例，学习RTK的操作流程。

2.7.2 实验目的

（1）了解GPS系统组成及定位原理；

（2）了解Trimble5700 GPS信号接收机各部件名称、结构和功能；

（3）掌握GPS RTK定位的基本操作流程。

2.7.3 实验仪器

（1）实验室配备：

基准站：基准站主机、基准站GPS天线、天线电缆、基准站6AH电池、Trimmark3基准站电台、电台天线电缆、电台天线、电台电源电缆、运输箱、三脚架及基座、电台天线架设装置、蓄电池。

流动站：流动站主机、流动站GPS天线、天线电缆、内置锂电池、流动站背包、流动站对中杆、TSC-1测量控制器、TSC-1手簿控制器连接主机电缆、TSC-1测量控制器托架、电台天线、电台天线电缆。

其他：木桩和钉子若干，测钎1束，锤子1把，记录板1块。

（2）自备：计算器1个，铅笔1支，橡皮1块，小刀1把。

2.7.4 实验内容

通过指导教师的现场讲解与操作，了解Trimble5700 GPS信号接收机各部件的名称、结构和功能，然后在各自测站上安装GPS基准站和流动站，学习Trimble TSC-1测量控制器的操作方法，最后进行地形点的测量、连续地形测量以及工程放样的练习。

2.7.5 实验步骤

（1）将基准站GPS信号接收机天线安置到测站上，精确对中、整平，将电源线、数据线和电台电缆等按指导教师讲解的方法连接好。

（2）将流动站GPS信号接收机天线与对中杆连接好，将数据线和电台电缆等按指导教师讲解的方法连接好。

（3）天线安置后，在观察时段的前后各量取天线高一次，要求两次天线高之差不大于3mm，取均值作为最后天线高，记录。

（4）熟悉基准站和流动站GPS信号接收机各部件的名称、结构和功能，学习Trimble TSC-1测量控制器的操作方法。

（5）开机，捕获GPS卫星信号并对其进行跟踪、接收和处理，以获取所需的定位和观测数据，进行地形点的测量、连续地形测量以及工程放样的练习。（具体仪器的操作流程参见本节附录）

2.7.6 注意事项

（1）GPS设备属于精密测量仪器，造价昂贵，每个小组拿到仪器后不要急于操作，应认真听完指导教师的讲解后，并对仪器各部分功能熟悉后再进行操作；

（2）为防止信号失锁及多路径效应的影响，参考站周围应无高压线、电视台、无线电发射站和微波站等干扰；

（3）接收机应安置在视野比较开阔的地方，天线高度不宜过低，天线高度角15°以上不应有遮挡物，且要避免人为遮挡 GPS 天线；

（4）每个小组成员都要轮流操作仪器，使用过程中要注意观察卫星信号的变化情况。

2.7.7 记录表格

基 本 信 息

班　级		同组成员	
小　组		测站点号	
姓　名		天气状况	
学　号		观测时间	

实 验 记 录

点　号	天线高	X	Y	Z
1				
2				
3				
4				
5				
6				
7				
8				
9				
10				
11				
12				
13				
14				
15				
16				
17				
18				
19				
20				

附录9　Trimble 5700 RTK 基本操作流程

1. 各部件名称及性能（附图 9-1，附表 9-1）

Trimble 5700 GPS 信号接收机基本性能指标   附表 9-1

项　　　目	性　能　指　标
静态测量	平面≤5mm＋0.5ppm×D；高程≤5mm＋1ppm×D；方位≤1arc sec＋5/D
动态测量 RTK	平面≤10mm＋1ppm×D；高程≤20mm＋1ppm×D
重量	接收机（内置电池、内置电台、内置充电器）＋ Zephyr GPS 天线 ≤ 1.8kg 完整的 RTK 流动站 ≤ 3.8kg
电源	10.5～28V DC 和 220V/50Hz AC；带有电压保护装置
作业温度	－40℃～＋65℃
防水性	镁合金外壳，全封闭100％放水，水下 1m 抗压
防震	符合军标 MIL-STD-810F，混凝土地面抗 1m 跌落
体积	11.9cm×6.6cm×20.8cm
数据采样率	1Hz、2Hz、5Hz、10Hz
RTK 坐标数据计算	10Hz
放样点数据更新速率	5Hz
数据链作用半径	≥25km

2. 基准站和流动站的安装

（1）基准站的架设

①将三脚架架设在基准站点上，整平对中，将 GPS 天线安装在基座上；

②将 GPS 接收机与 GPS 天线正确连接，如附图 9-2 所示；

③将基准站 6AH 电池正确接到主机上，端口见附图 9-2；

④将测量控制器连接到主机上，端口见附图 9-3；

⑤将 Trimmark3 电台天线与天线电缆连接上，端口见附图 9-3；

附图 9-1　Trimble 5700 GPS 系统

（a）天线；（b）手簿；（c）主机；（d）电台

⑥将电台天线电缆连接到 Trimmark3 天线接口上；

⑦将电台主机正确连接到蓄电池，注意正负极；

⑧用电台数据电缆将 Trimmark 电台连接到 GPS 主机端口 3 上；

附图 9-2　基准站天线及电台

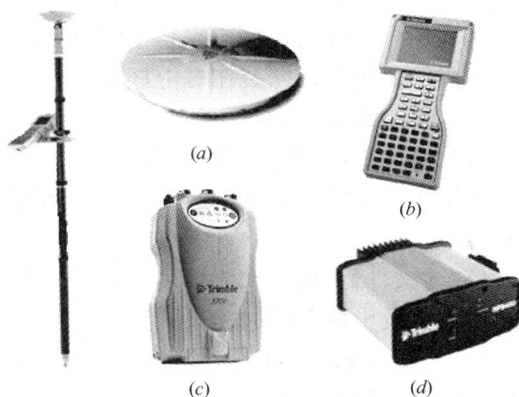

附图 9-3　主机连线接口

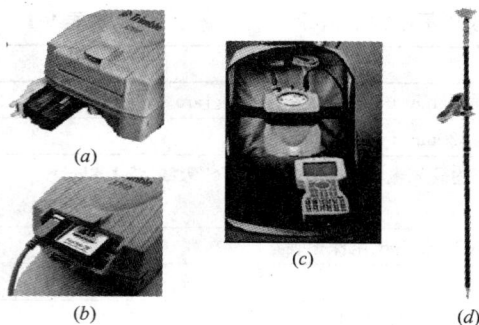

附图 9-4　流动站各部件连接及安装

(*a*) 电池安装；(*b*) PC 记录卡安装；

(*c*) 流动站背包安装；(*d*) 流动站对中杆安装

⑨用脚架将电台天线架设起来，架设越高通讯距离越远。

（2）流动站的安装

①如附图 9-4（*a*）所示，将电池正确安装到接收机中；

②如附图 9-4（*b*）所示，将数据记录 PC 卡插在卡槽中；

③如附图 9-4（*c*）所示，将流动站 GPS 接收机正确安置在背包中；

④将 GPS 天线电缆连接到接收机天线端口；

⑤将流动站电台天线电缆连接到接收机电台端口，5700 流动站都是内置电台，所以只需要将电台天线电缆直接连接到主机端口；

⑥将测量控制用连接电缆与主机连接；

⑦如附图 9-4（*d*）所示，将 GPS 天线安装在对中杆上；

⑧将电台天线与连接座安装在背包上；

⑨将测量控制器安装在对中杆上。

3. TSC-1 测量控制器

按控制器上面的【POWER】键，打开 TSC-1 测量控制器，出现如附图 9-5 所示的主菜单，主菜单的各个功能如附图 9-6 所示。

（1）【文件】：用于文件管理，项目文件的建立，数据查看，数据传输以及坐标系统的建立；

（2）【键入】：通过键盘输入点、线、面等数据，输入格式可以是格网坐标也可以是大地坐标；

附图 9-5　TSC-1 测量控制器主菜单

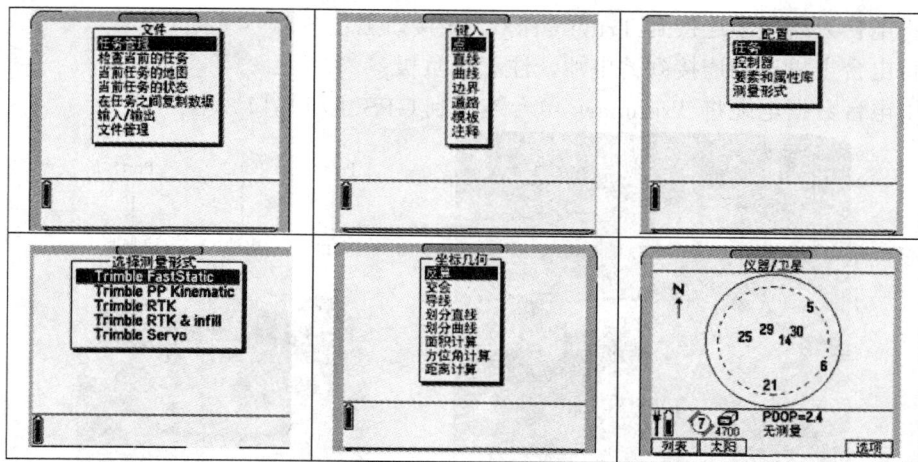

附图 9-6　主菜单的功能

（3）【配置】：用于设置测量控制器的参数，包括硬件及软件环境，如项目属性单位，坐标方式等；

（4）【测量】：用于执行多种方式的测量任务以及点校正；

（5）【坐标几何】：用于坐标几何量的计算；

（6）【仪器】：用于查看仪器的参数以及测量过程中的接收状况，如位置精度因子，信噪比，导航等。

4. 文件设置

		操作步骤
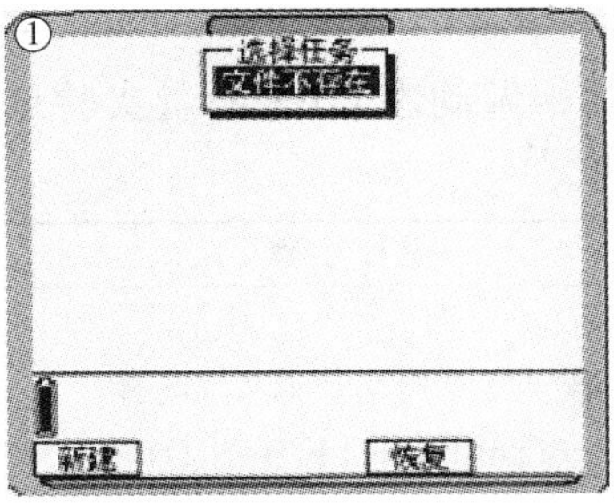 ①	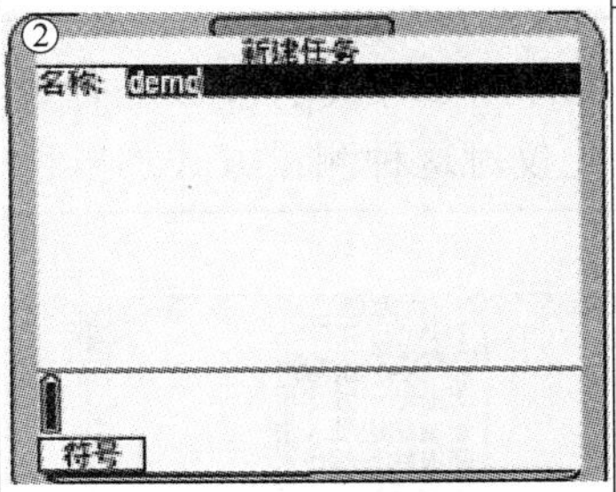 ②	打开文件，按 F1 新建任务，按【ENTER】键（图①） ↓ 输入任务名称，"DEMO"，按【ENTER】键（图②） ↓ 选择坐标系统，通常选择"无投影/无基准"，按【ENTER】键（图③） ↓ 坐标方式选择"网格"，水准面模型"否"，按【ENTER】键（图④） ↓ 文件建立完成，退出文件管理系统
 ③	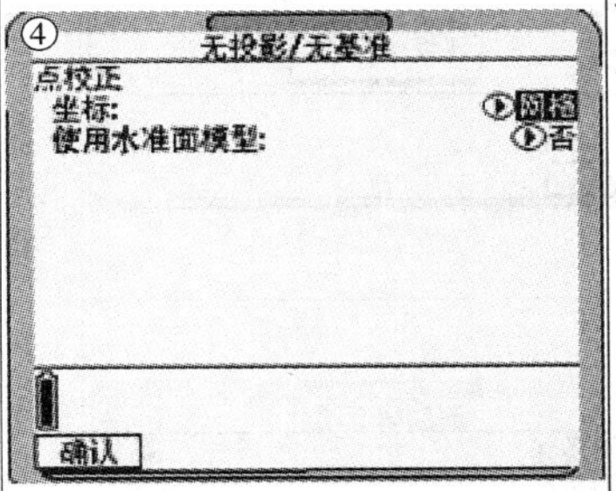 ④	

5. 配置设置

（1）单位系统设置，一般可按传统的单位设置，如角度的度、分、秒，坐标系是格网型的高斯坐标（北、东、高），若事先设置好，则以后无须再设置。

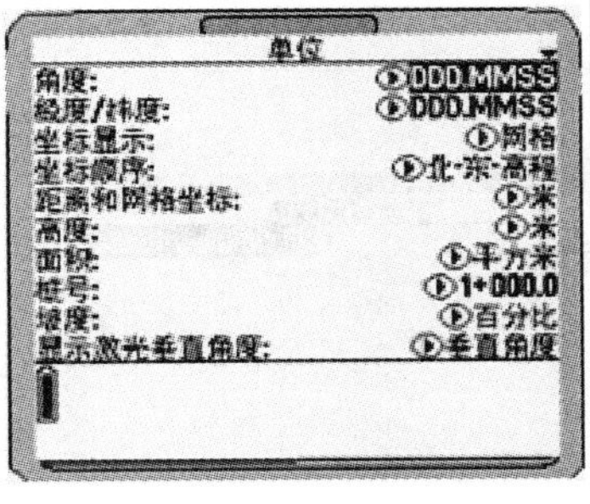

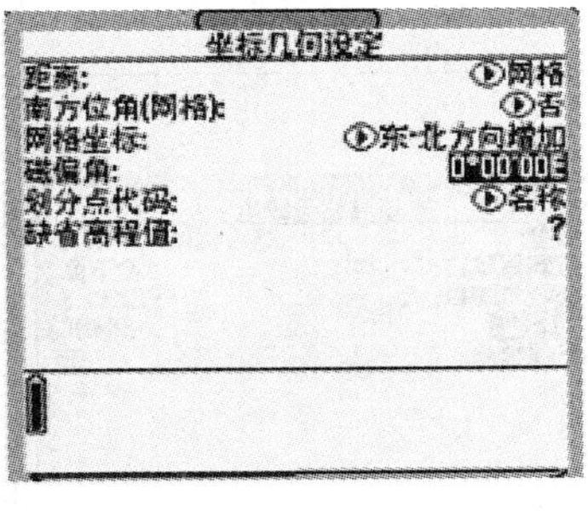

（2）控制器设置，主要是进行控制器的有关硬件和软件及单位的设置比如：时间/日期，语言以及相关的硬件信息。

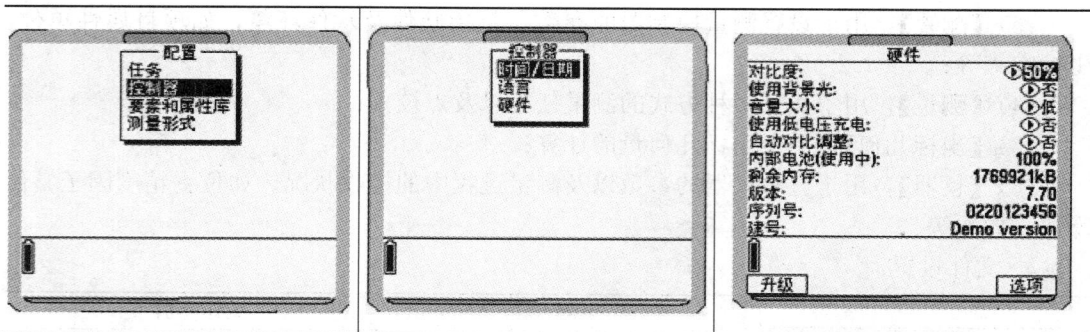

（3）测量形式设置：可以对多种测量方式的参数进行设置，做动态 GPS 测量实验选择的是 Trimble－RTK 测量，在此仅对这种测量方式加以说明。

图	操作步骤
① 测量形式：Trimble FastStatic / Trimble PP Kinematic / Trimble RTK / Trimble RTK & infill / Trimble Servo　［新建 复制 删除 编辑］	配置，"测量形式"，选择 Trimble RTK（图①）↓
② Trimble RTK：流动站选项 / 流动站无线电 / 基准站选项 / 基准站无线电 / 激光测距仪 / 地形点 / 观测控制点 / 快速点 / 连续点　［确认］	基准站选项（图②）数据广播格式——CMR，CMR＋，RTCM，CMR＋为 Trimble 独有格式，传输更远；测站索引——为在同一个测区内有多个基准站时以免互相干扰，索引号 1-29；高度截止角——用于屏蔽低仰角卫星信号，此处基准站设置为 5 度；天线类型——5700 为 Zephyr Geodetic；测量到——选定天线高测量方式，以便正确的改正到相位中心，5700 天线为 Bottom of notch（图③）↓
③ 基准站选项：测量类型 RTK／厂播格式 CMR＋／输出另外的 RTCM 代码 否／测站索引 29／高度角限制 5°00'00"／天线高度 ?／类型 Zephyr Geodetic／测量到 Bottom of notch／部件号码 41249-0／序列号 ?	
④ 流动站选项：测量类型 RTK／厂播格式 CMR＋／WAAS 关／INS 位置 只有 RTK／使用测站索引 任何／进行测站索引 否／高度角限制 13°00'00"／PDOP 限制 6.0／天线高度 ?／类型 Zephyr	流动站选项，具体内容同基准站（图④）↓
⑤ 基准站无线电：类型 TRIMMARK 3／控制器端口 下面／接收机端口 端口 3／波特率 38400／奇偶校验 无　［连接］	基准站电台选项（图⑤）类型——Trimmark 3；控制器端口——下面；接收机端口——端口 3；波特率——38400；奇偶校验——无；↓
⑥ 流动站无线电：类型 Trimble internal	

续表

		操作步骤
⑦ 流动站无线电 连接　　　Trimble internal 无线电将会改变到 频率：　▶410.0500 MHz 基准站无线电模式：▶ TrimMark II at 4... 硬件版本：　　　1.43 🔋 ⑦ PDOP=1.9 　5700 无测量 确认　取消	⑧ 地形点 自动点间格大小：　　1 质量控制：　　▶QC 1 自动汇存点：　　▶否 观测时间：　　0m5s 观测次数：　　3 水平精度：　　0.015m 垂直精度：　　0.020m	流动站无线电选项（图⑥） 5700 流动站都是内置电台，类型 ——Trimble internal（图⑦） ↓ 地形点设置（图⑧） 用于设置点号增加步长，是否自 动，存储点以及观测的时间； 质量控制主要是记录一些原始的 数据以便于后处理 ↓ 连续地形点测量（图⑨） 连续测量的工具，可以设置自动 数据采集的方式，如以固定的 时间间隔，以固定的距离间隔 进行数据采集，在此主要设置 精度限差和记录原始数据 ↓ 放样设置（图⑩） 主要进行对 RTK 放样时的参数 设置，可设置水平限差，放样 点的名称、代码。 显示网格变化量——放样时可根 据具体情况确定是否显示坐标变 化量。可以方向和距离作为导航 要素，也可以向北、向东 作为导航要素
⑨ 质量控制 质量控制：　QC 1　　QC 1 水平精度：　QC 1 和 QC 2　0.050m 垂直精度：　QC 1 和 QC 3　0.080m	⑩ 放样 放样点细节 汇存前无检查变化量：▶是 水平限差：　　0.000m 放样点名称：　▶自动点名称 放样点代码：　▶设计名称 显示 显示模式：　▶目标为中心 放大因子：　　4.0 显示网格变化量：▶是 显示到 DTM 的挖/填：▶否	

6. 启动基准站

		操作步骤
① 测量 启动基准站接收机 开始测量 测量点 连续地形 偏移量 放样 点校正 结束测量	② 测量/启动基准站接收机 点名称：　　GPS4 代码：　　？ 观测类：　键入 天线高度（未改正）：　1.678m 测量到：▶Bottom of notch 测站索引：　　29 传送延时：　▶0 ms 🔋 ⑧ PDOP=1.6 　1.678 无测量 开始　扫描	当基准站架设好以后，就可以进 行 RTK 测量，首先，启动基准站 接收机（图①） ↓ 点名称——输入基准站点名，如 果在控制器中已输入过基准点， 则程序会自动调用，如在控制器 中没有记录，则需键入； 代码——输入基准点代码；天线 高度——输入量取的天线高度； 测量到——天线量取方法（图②） ↓ 按 F1，开始测量，当进度指示条 到 100% 时，程序提示基准站启 动完毕，断开控制器与接收机的 连接电缆（图③，图④）。此时 Trimmark3 电台开始数据传输， 屏幕显示"Trans"表示电台 工作正常
③ 开始测量 90% 🔋 ⑧ PDOP=1.8 　1.678 无测量	④ 基准站已启动 切断接收机和控制器的连接 🔋 ⑨ PDOP=1.6 　1.678 基准站测量 确认	

7. 流动站测量

		操作步骤
① 测量 启动基准站接收机 开始测量 测量点 连续地形 偏移量 放样 点校正 结束测量	② 开始测量 10% 9 5700 无测量 PDOP=3.5	开始测量（图①） 控制器引导接收机开始测量后，首先，仪器进行初始化（整周模糊度的固定）（图②），该过程大约需要 1min。当初始化完成后，控制器提示"初始化完成"，这时就可以进行 RTK 测量了（图③） ↓
③ 初始化改变 获得初始化 偏移量 放样 初始化 点校正 结束测量 8 5700 H=0.012m V=0.016m RTK=固定 RMS=20 确认	④ 测量/测量点 点名称： DTN2 代码： 方法： 地形点 天线高度（未改正）： 2.000m 测量到： ⊙Bottom of antenna mount 迄今时间： 0m7s 剩余时间： 0m0s 8 H=0.007m V=0.009m RTK=固定 汇存 选项	测量/测量点 输入点名称，代码，天线高度（5700 流动站高 2m）测量方法：Bottom of antenna mount；观测时间：当内符合精度满足限差要求时，程序可以自动存储数据（图④） ↓
⑤ 测量/测量/连续 类型： 连续固定时间 天线高度（未改正）： 2.000m 测量到： ⊙Bottom of antenna mount 时间间隔： 0m2s 起始点名称： A103 代码： ROOM 8 H=0.009m V=0.012m RTK=固定 RMS=15 结束 选项	⑥ 放样 点 直线 曲线 DTMs 道路 7 2.000 H=0.007m V=0.009m RTK=固定 RMS=11	测量/连续地形测量（图⑤） Trimble 5700 提供连续地形测量功能，用户可以按固定时间间隔和距离间隔连续采集数据，并且自动记录数据 ↓ 放样（图⑥） 放样功能有：放点、放线、DTM 放样、道路放样； 放点：可以现场输入放样点，也可以在办公室里通过 TGO 软件传输到控制器中，现场直接通过输入点号调用（图⑦） ↓
⑦ 选择点 输入单一点名称 从列表中选择 所有网格点 所有键入点 半径范围内的点 所有点 相同代码点 按点名称的范围 任务的一部分 7 2.000 H=0.010m V=0.013m RTK=固定 RMS=15	⑧ 点: DTN1 往北 0.486m 往东 1.935m 垂直距离 挖 0.043m DTN1 高程 50.951m 1.995m 7 2.000 H=0.008m V=0.011m RTK=固定 5Hz 测量 ▶精确 选项	导航到点（图⑧） 选好放样点后，回车，进入放样导航界面。导航界面有图形显示和文本显示，当放样偏差满足限差要求时，即可定点测量，点放样可以是三维坐标放样

2.8　建筑物基线、轴线测设和高程测设

2.8.1　基本知识

测设又称放样，是工程测量最主要的工作之一，它是将设计图纸上建筑物的平面位置和高程，与控制点或定位轴线点的平面位置和高程，换算为它们之间的水平角、水平距离和高差，然后到实地用测量仪器放样水平角、水平距离和高程的工作。平面点位的测设需要根据现场控制点的分布、地形情况、放样对象的大小、设计提供的条件及精度要求，综合利用测设水平角、水平距离的方法进行施测，常用的方法包括极坐标法、直角坐标法、角度交会法、距离交会法等。

极坐标测量方法如图 2.8-1 所示，选取某控制点 O 为极点（测站点），其坐标为 O（x_o，y_o），与另一已知点 A 的连线构成的起始方向为极轴（零方向线），起始方位角为 α_{OA}，欲测设某点 P（x_p，y_p），极坐标法测量实质就是确定 OP 的矢量大小，即

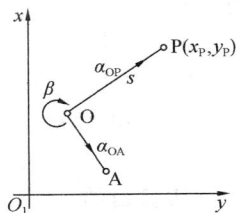

图 2.8-1　极坐标测设方法

$$S_{OP} = |OP| = \sqrt{(x_p - x_o)^2 + (y_p - y_o)^2} \qquad (2.8\text{-}1)$$

$$\begin{cases} \alpha_{OP} = \arctan \dfrac{y_p - y_o}{x_p - x_o} \\[2mm] \alpha_{OA} = \arctan \dfrac{y_A - y_o}{x_A - x_o} \end{cases} \qquad (2.8\text{-}2)$$

则放样角为

$$\beta = \alpha_{OP} - \alpha_{OA} (+360°) \qquad (2.8\text{-}3)$$

注：若 $\beta < 0°$，则计算值需加上 360°。

测设时，在点 O 安置经纬仪，正镜（盘左）0°00′00″瞄准点 A，顺时针转动 β 角，在 OP 方向上量取水平距离 S_{OP}，定出点 P；然后倒镜（盘右）按同样方法再定点 P，若两点不重合，取其平均点位即可，这种方法需要两个已知点 O、A 互相通视。

（1）建筑基线是建筑施工中最常采用的测设布设形式，适用于平面布置相对简单的布设。建筑基线应平行或垂直于建筑物的主要基线，长的一条基线尽可能布设在场地中央。根据建筑物的分布和地形情况，建筑基线可以布置成三点直线形、三点直角形、四点丁字形、五点十字形等几种形式。一般建筑基线的测设是利用周围场地附近已有施工控制点，利用坐标反算出放样参数。

（2）对于建筑物的施工测量，应对总平面图给出的建筑物设计位置进行定位，也就是把建筑物的轴线交点标定在地面上，然后再根据这些交点进行详细放样。建筑物轴线的测设方法，依施工现场情况和设计条件而不同，一般有以下两种方法：

①根据规划道路红线测设建筑物轴线

规划道路的红线点是城市规划部门所测设的城市道路规划用地与单位用地的界址线，新建筑物的设计位置与红线的关系应得到政府规划部门的批准。因此，靠近城市道路的建筑物设计位置应以城市规划道路红线为依据。

②根据已有建筑物关系测设建筑物轴线

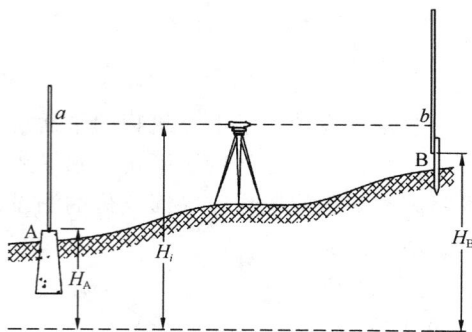

图 2.8-2　高程测设

在原有建筑群中增造房屋的位置设计时，应保持与原有建筑物的关系。测设设计建筑物轴线时，应根据原有建筑物来定位。

（3）高程测设，是将某点的设计高程在实地上标定出来的过程。在场地平整、基坑开挖、确定坡度和桥墩的设计标高等场合，都需要用水准仪进行高程测设。高程测设的基本原理如图 2.8-2 所示，它与水准测量的不同之处在于：它不是测定两点之间的高差，而是根据一个已知高程的水准点，测设设计所给定点的高程。

2.8.2　实验目的

（1）掌握建筑物基线和轴线测设的方法；

（2）掌握施工中高程测设的基本方法；

（3）学会对测设结果进行误差分析和精度评定。

2.8.3　实验仪器

（1）实验室配备：经纬仪 1 台，水准仪 1 台，水准尺 1 把，测钎 2 根，钢尺 1 把，标杆 1 个，木桩和钉子若干个，斧子 1 把，记录板 1 块。

（2）自备：计算器 1 个，铅笔 1 支，橡皮 1 块，小刀 1 把。

2.8.4　实验内容

（1）对一建筑面积不小于 400m^2 的建筑物进行基线及轴线测设；

（2）选定两控制点 A、B，用水准仪练习高程测设方法；

（3）对实验结果进行误差分析，评定测设结果的精度。

2.8.5　实验步骤

1. 建筑物基线测设

如图 2.8-3 所示，布设一条平行于建筑物主轴线的三点 A、O、B 构成"一"字形建筑基线，用图解法求出 O 点的坐标，并根据设计距离及坐标方位角推算出另外两点的坐标，在图上注出所需的测设数据。

（1）在控制点 Ⅰ 安置经纬仪，正镜（盘左）以 $0°00'00''$ 瞄准控制点 Ⅱ，顺时针转动 β_1 角，在 OA 方向上量取水平距离 D_1，定出点 A_1，倒镜（盘右）按同样方法再定出点 A_2，取其平均点位即得所要测设的 A 点。

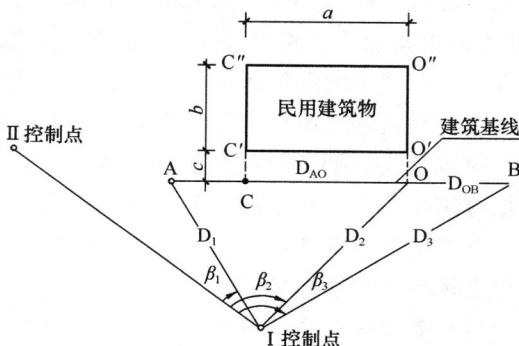

图 2.8-3　建筑物基线测设

（2）按同样的方法定出 O 点和 B 点；

（3）在 O 点安置经纬仪，观测 ∠AOB，看是否满足 ∠AOB－180°≤±24″；丈量 AO 和 OB 的距离，与设计值比较，看其相对误差是否满足 $K \leqslant \dfrac{1}{10000}$，否则应进行改正。

2. 建筑物轴线的测设

（1）用直接坐标方法测设建筑物轴线的交点，将经纬仪安置在 O 点，盘左瞄准 A 点，在该方向上从 O 点量水平距离 a，打下木桩，再重新用经纬仪标定方向和用钢尺量距在木桩上定出 C 点。

（2）转动水平度盘复测器，使其读数变为 $0°00'00''$，顺时针转动照准部，使水平度盘读数为 $90°00'00''$，在该方向上稍远位置处打下木桩，在木桩上标定 P_1 点，盘右按同样的方法可确定出一个 P_2 点；

（3）取 P_1 和 P_2 的连线中点为 P_0，用望远镜瞄准 P_0，在该方向上用钢尺从 O 点量水平距离 c，打下小木桩；再重新用经纬仪标定方向，在木桩前后标定并连线，用钢尺量距，在木桩上用方向和距离交会出建筑物轴线的交点 O'；在该方向上用钢尺从 O' 点量取水平距离 b，打下小木桩；再重新用经纬仪标定方向，在木桩前后标定并连线，用钢尺量距，在木桩上用方向和距离交会出建筑物轴线的另一交点 O''。

（4）安置经纬仪于 C 点，按同样的方法定出建筑物的轴线交点 C' 和 C''；

（5）检核建筑物的轴线长度相对误差是否满足 $K \leqslant \dfrac{1}{5000}$；角度误差是否满足 $\Delta\beta \leqslant \pm 1'$，否则应进行改正。

3. 高程测设

（1）如图 2.8-2，将水准仪安置在与 A 和 B 点距离大致相等的点，在 A 点木桩上竖立水准尺。

（2）整平水准仪，瞄准 A 尺读取后视读数 a，根据 A 点的高程 H_A 和测设高程，可计算出 B 点上水准尺应有读数为：$b = H_A + a - H_B$。

（3）将水准尺紧贴在 B 点木桩侧面，水准仪瞄准 B 尺读数，上下移动调整 B 尺，当观测得到的 B 尺的前视读数等于计算所得的 b 时，沿水准尺尺底在木桩一侧划一红线，即为待测设的高程 H_B 的位置。

（4）将水准尺底面重新置于设计高程位置，再次作前、后视观测，进行检核。

2.8.6　注意事项

（1）每位小组成员都应独立计算测设数据，然后互相检核计算结果，证明正确无误后再进行测设；

（2）当木桩长度有限，无法标定出测设的位置时，可定出与测设位置相差某一数值的位置线，在线上标明差值；

（3）基线、轴线点的平面位置及高程测设好以后，应进行检核，评定测设结果的精度。

2.8.7　记录表格

基　本　信　息

班　　级		同组成员	
小　　组		测站点号	
姓　　名		天气状况	
学　　号		观测时间	

实验记录 1　建筑物基线、轴线测设记录

点名	坐标值		坐标差		坐标方位角	线　名	应测设水平角	应测设水平距离
	x	y	Δx	Δy				
	(m)	(m)	(m)	(m)	(°　′　″)		(°　′　″)	(m)
1								
2								
3								
4								
5								
6								
7								
8								
9								
10								
11								
12								
13								
14								
15								
16								

实验记录 2　点的高程测设记录

测站	已知水准点		后视读数	视线高差	待测设点		前视尺应有读数	填挖数	检　核	
	点号	高程			点号	设计高			实际读数	误差
		(m)	(m)	(m)		(m)		(m)		(m)
1										
2										
3										
4										
5										
6										

2.9　圆曲线测设

2.9.1　基本知识

圆曲线又称单曲线,由半径为 R 的圆弧构成。一些建筑物如办公楼、旅馆、饭店、医院等平面图形常被设计成圆弧形,这时就需要进行圆曲线测设;此外,为了保证车辆转弯时的运行安全，在一些道路上也需要测设圆曲线。圆曲线的测设可分为主点测设和细部测设。

如图 2.9-1 所示，JD 为道路中线 L1 和 L2 的交点，两中线的转角为 Δ。转向角分为左转和右转，图中为右转。为保证车辆由 L1 平稳过渡到 L2，在其中间应插入一段半径为 R、长为 L 的圆弧。圆弧与两中线相切，切点分别为 ZY（直圆），YZ（圆直），圆弧的中点称为 QZ（曲中），ZY、YZ 和 QZ 称为圆曲线三主点。T 为切线长，JD 到 QZ 的距离 E 称为外矢距，两切线长与曲线长之差 q 称为切曲差，L、T、E 和 q 称为圆曲线的四要素。

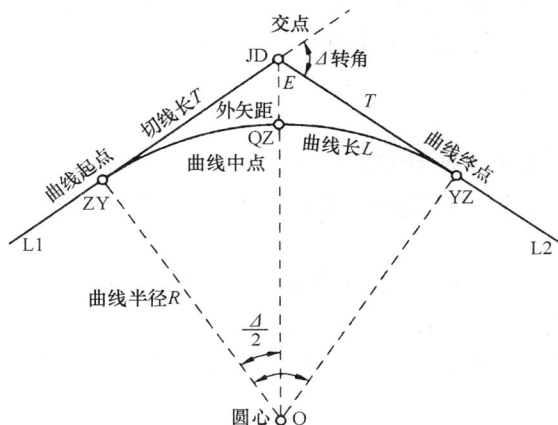

图 2.9-1　圆曲线主点及要素

根据图中的几何关系，可推算出圆曲线四要素的计算公式：

切线长：
$$T = R\tan\frac{\Delta}{2} \tag{2.9-1}$$

曲线长：
$$L = R\Delta\,\frac{\pi}{180} \tag{2.9-2}$$

外矢距：
$$E = R\left(\sec\frac{\Delta}{2} - 1\right) \tag{2.9-3}$$

切曲差：
$$q = 2T - L \tag{2.9-4}$$

在道路测量中，沿线路中线自起点开始丈量距离，除了测设三个主点以外，一般每隔一定的整数距离（如 30m）测设一点，钉立木桩，桩上注明里程，这些桩称为整桩，依次编号 0+030，0+060 等，"+"表示以公里为单位的小数。在地貌变化较大或沿线有重要地物的地方应增钉加桩，如 1+036.7。整桩和加桩统称为里程桩，这样就能把圆曲线的形状和位置详细地定在实地。实测时一般规定：R≥150m 时，曲线上每隔 20m 测设一个细部点；150m＞R＞50m 时，曲线上每隔 10m 测设一个细部点；R＜50m 时，曲线上每隔 5m 测设一个细部点。细部点的测设方法一般包括偏角法、直角坐标法（切线支距法）和弦线支距法，在实际工作中，可结合地形情况、精度要求和仪器条件合理选用这几种方法。

2.9.2　实验目的

（1）掌握圆曲线主点测设要素的计算方法；

（2）掌握圆曲线详细测设数据的计算方法；

（3）掌握用经纬仪按偏角法和直角坐标法进行圆曲线测设；

（4）练习用全站仪按坐标放样法测设圆曲线。

2.9.3 实验仪器

（1）实验室配备：经纬仪（带脚架）1套，全站仪（带脚架）1套，单棱镜（包括基座和脚架）1套，记录板一块，钢卷尺1把，木桩和钉子若干，测钎1束，锤子1把。

（2）自备：计算器1个，铅笔1支，橡皮1块，小刀1把。

2.9.4 实验内容

根据指导教师给定的数据计算测设要素，用经纬仪首先进行圆曲线的主点测设，然后分别用偏角法和直角坐标法进行圆曲线的细部测设，最后练习用全站仪按坐标放样法进行圆曲线的测设。

2.9.5 实验步骤

根据给定的转角 Δ 和半径 R 计算曲线的测设要素 L、T、E 和 q，按偏角法计算各桩的详细测设数据 γ_i 和 c_i，按直角坐标法计算各桩的详细测设数据 x_i 和 y_i。

1. 圆曲线主点测设

（1）如图 2.9-1 所示，在 JD 点架设经纬仪，对中整平，望远镜后视 ZY 方向，自 JD 点沿此方向用钢尺量取切线 T，打下曲线起点桩。

（2）转动望远镜前视 YZ 方向，自 JD 点沿此方向用钢尺量取切线 T，打下曲线终点桩。

（3）以 YZ 为零方向，测设水平角 $\left(90°-\dfrac{\Delta}{2}\right)$，可得两切线的分角线方向，沿此方向从 JD 点量取外矢距 E，打下曲线中点桩。

2. 圆曲线细部测设

（1）偏角法

①如图 2.9-2 检核三个主点（ZY、YZ、QZ）的位置，看原来测设的主点位置是否有误，如发现有误，应进行重测。

②将经纬仪安置于 ZY 点，对中整平，后视 JD 点，调整复测器，使水平度盘读数为 $0°00'00''$。

③顺时针转动照准部，使水平度盘读数为 γ_1，以 ZY 为原点，在视线方向上量出第一段相应的弦长 c_1，定出第 1 点 P_1，插下测钎。

④继续转动照准部，使水平度盘读数为 γ_2，钢尺自 ZY 点起沿视线丈量 c_2，定出第 2 点 P_2，插下测钎，依此类推，测设其余各点。

⑤最后测设至终点 YZ，检查闭合差。即将度盘读数对准 YZ 点的偏角值 $r_{终}=\dfrac{\Delta}{2}$，由曲线上最后一个细部点起量出尾段弧长相应的弦长与视线方向相交，应为先前测设的主点 YZ，如两者不重合，其闭合差一般不得超过如下规定：

半径方向（横向）：$\pm 0.1\text{m}$；

切线方向（纵向）：$\pm\dfrac{L}{1000}$

（2）直角坐标法

①如图 2.9-3 检核三个主点（ZY、YZ、QZ）的位置，看原来测设的主点位置是否有

误，如发现有误，应进行重测。

②用钢尺自 ZY 点沿切线方向测设出 x_1、x_2、x_3…，在地面上定出各垂足点 N_1，N_2，N_3，…。

③在各垂足点处，安置经纬仪，定出垂线方向，分别在各自的垂线方向上测设 y_1，y_2，y_3…，即可定出各细部点 P_1，P_2，P_3，…。

④比较详测和主点测设所得的 YZ 点，进行精度校核。

（3）用全站仪测设圆曲线

①将圆曲线细部点的测量坐标通过手动输入或以坐标文件上传到全站仪内存；

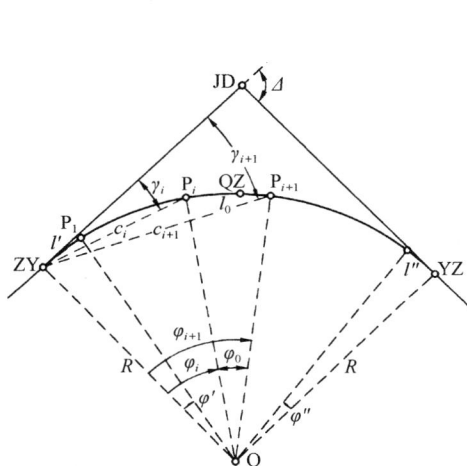

图 2.9-2　偏角法测设圆曲线　　　　　图 2.9-3　直角坐标法测设圆曲线

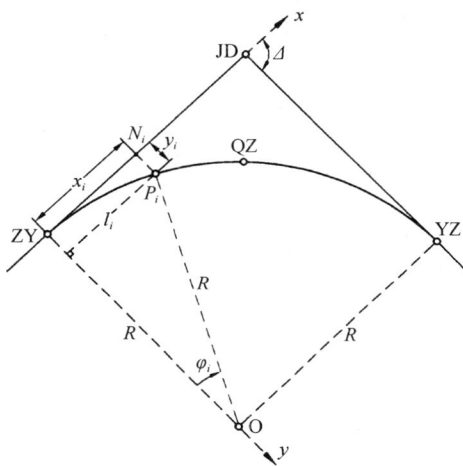

②将全站仪安置于曲线起点 ZY，后视 JD 点，建立直角坐标系，按全站仪测设方法，依次测设各点；

③测设完毕后，用坐标计算相邻测设点间的距离，用钢尺进行检核，误差应小于<5cm。

2.9.6　注意事项

（1）测设完成后应进行检核，如果超出闭合差限差应进行重测；

（2）圆曲线有左转和右转之分，本次实验是以右转圆曲线为例进行介绍，处理左转圆曲线的方法与右转一样，只是要注意偏角的方向及坐标的正负性；

（3）由于偏角法存在测点误差积累的缺点，因此通常由曲线两端的 ZY、YZ 分别向QZ 点施测；

（4）本次实验占地范围较大，使用仪器和工具较多，应及时清点、收拾，防止遗失。

2.9.7　记录表格

基　本　信　息

班　　级		同组成员	
小　　组		测站点号	
姓　　名		天气状况	
学　　号		观测时间	

实验记录—圆曲线主点数据

给定参数		圆曲线四要素		主点里程	
R		T		JD	
Δ		L		ZY	
l		E		QZ	
		q		YZ	
				YZ（检核）	

实验记录—偏角法测设圆曲线细部数据

桩　号	里　　程	偏角值（°　′　″）	相邻间弦长（m）
ZY			
P_1			
P_2			
P_3			
P_4			
P_5			
P_6			
P_7			
P_8			
QZ			
P_9			
P_{10}			
P_{11}			
P_{12}			
P_{13}			
P_{14}			
P_{15}			
P_{16}			
YZ			

实验记录—直角法测设圆曲线细部数据

桩　号	l_i（m）	圆心角（°　′　″）	x_i（m）	y_i（m）
ZY				
P_1				
P_2				
P_3				
P_4				
P_5				
P_6				

续表

桩号	l_i (m)	圆心角 (° ′ ″)	x_i (m)	y_i (m)
P$_7$				
P$_8$				
QZ				
P$_9$				
P$_{10}$				
P$_{11}$				
P$_{12}$				
P$_{13}$				
P$_{14}$				
P$_{15}$				
P$_{16}$				
YZ				

实验记录—全站仪坐标法测设圆曲线数据

桩　号	x_i (m)	y_i (m)
ZY		
P$_1$		
P$_2$		
P$_3$		
P$_4$		
P$_5$		
P$_6$		
P$_7$		
QZ		
P$_8$		
P$_9$		
P$_{10}$		
P$_{11}$		

桩　　号	x_i（m）	y_i（m）
P$_{12}$		
P$_{13}$		
P$_{14}$		
YZ		

第 3 章　测量学实习指导

3.1　实习的要求与注意事项

3.1.1　实习基本要求及注意事项

（1）实习前，每位同学应认真预习，熟悉实习的目的、任务及要求，掌握测量作业程序，提高作业技能，在规定的时间内保质保量完成实习任务。

（2）实习期间，要特别注意测量仪器的安全，各组要指定专人妥善保管仪器和工具。每天出工和收工时，都要按仪器清单清点仪器和工具数量，检查仪器和工具是否完好无损。在安置仪器时，特别是在对中、整平后以及迁站前，一定要检查仪器与脚架的中心螺旋是否拧紧。观测员必须始终守护在仪器旁，注意过往行人、车辆，防止仪器被碰倒。若发生仪器事故，不得隐瞒，严禁私自拆卸仪器，应及时向指导教师报告，并按相关规定进行赔偿。

（3）实习过程中，学生应听从指导教师安排，严格遵守实验纪律和操作规程。观测数据必须直接记录在规定的手簿中，不得用其他纸张记录再行转抄。对于读错、记错的数据，应按规定一笔划去，在上方填写正确数据。严禁擦拭、涂改数据，严禁伪造成果。在完成一项测量工作后，要及时计算、整理有关资料并妥善保管好记录手簿和计算成果。对于所得各项观测数据和计算成果，都必须用 2H 铅笔填写在记录表格中。实习结束后，应将所有的观测结果交给指导教师审阅。

（4）实习期间，小组组长应切实负责，合理安排小组工作，使每一项工作都由小组成员轮流担任，使每人都有练习的机会，切不可单纯追求实习进度。小组内、各组之间、各班之间都应团结协作，互相帮助，以保证实习任务的顺利完成。

（5）实习期间，尤其是在道路上作业时，应注意自身安全；未经实习小组和学校批准，不得缺勤、私自外出，实习期间要保护环境，爱护公物，不随地吐痰、乱扔垃圾。

3.1.2　实习的技术要求

实习的技术主要依据《工程测量规范》（GB 50026—2007）、《1：500　1：1000　1：2000 地形图数字化规范》（GB/T 17160—1997）。

1. 一般规定

（1）坐标系统可采用国家坐标系、独立坐标系，由实习指导教师统一选定。

（2）测图比例尺可选用 1：500、1：1000、1：2000，由实习指导教师根据任务和地形情况统一确定。

（3）地形图基本等高距根据地形类别和用途的需要，按表 3.1-1 的规定由实习指导教师统一确定。

基本等高距（单位：m）　　　　　　　表 3.1-1

基本等高距	平　　地	丘　　陵	山　　地	高山地
1：500	0.5	1.0（0.5）	1.0	1.0
1：1000	0.5（1.0）	1.0	1.0	2.0
1：2000	1.0	1.0（2.0）	2.0（2.5）	2.0（2.5）

注：括号内的等高距按用图需要选用。

（4）地形图符号注记执行《1：500　1：1000　1：2000 地形图数字化规范》（GB/T 17160—1997）的规定。对图式中没有规定的符号，由实习指导教师统一规定，不得自行设计使用。

（5）地形图分幅采用正方形，规格为 50cm×50cm；图号以图廓西南角坐标公里数为单位编号，X 在前，Y 在后，中间用短线连接（如：1：1000，10.5—21.5）；

（6）图根控制点相对于起算点的平面点位中误差不超过图上 0.1mm；高程中误差不得大于测图基本等高距的 1/10。

（7）测站点相对于邻近图根点的点位中误差，不得大于图上 0.3mm；高程中误差：平地不得大于 1/10 基本等高距，丘陵地不得大于 1/8 基本等高距，山地、高山地不得大于 1/6 基本等高距。

（8）图上地物点相对于邻近图根点的点位中误差与邻近地物点间距中误差，应符合表 3.1-2 之规定。

图上地物点点位中误差与间距中误差（单位：mm）　　表 3.1-2

地区分类	点位中误差	邻近地物点间距中误差
城市建筑区和平地、丘陵地	≤0.5	≤±0.4
山地、高山地和设站施测困难的旧街坊内部	≤0.75	≤±0.6

注：森林隐蔽等特殊困难地区，可按表 3.1-2 中规定值放宽 50%。

（9）地形图高程精度规定：城市建筑区和基本等高距为 0.5m 的平坦地区，其高程注记点相对于邻近图根点的高程中误差不得大于 0.15m，其他地区地形图高程精度应以等高线内插求点的高程中误差来衡量。等高线插求点相对于邻近图根点的高程中误差，应符合表 3.1-3 中的规定。

等高线插求点的高程中误差　　　　　　表 3.1-3

地形类别	平　　地	丘陵地	山　　地	高山地
高程中误差（等高距）	≤1/3	≤1/2	≤2/3	≤1

注：森林隐蔽等特殊困难地区，可按表 3.1-2 中规定值放宽 50%。

2. 地形图测绘的内容及取舍

地形图应表示测量控制点、居民地和垣栅、工矿建（构）筑物及其他设施、交通及附属设施、管线及附属设施、水系及附属设施、境界、地貌和土质、植被等要素，并对各要素进行名称注记、说明注记及数字注记。

地物、地貌各要素的表示方法和取舍原则，除应按现行国家标准《1：500　1：1000

1：2000 地形图数字化规范》（GB/T 17160—1997）执行外，还应符合下列规定：

（1）各级测量控制点均应展绘在原图板上并加注记。水准点按地物精度测定平面位置，图上应表示。

（2）测绘居民地和垣栅。居民地按实地轮廓测绘，房屋以墙基为准正确测绘出轮廓线，并注记建材质料和楼房层次，依据不同结构、不同建材质料、不同楼房层次等情况进行表示。1：500、1：1000 测图房屋一般不综合，临时性建筑物可舍去；1：2000 测图可适当综合取舍，居民区内的次要巷道图上宽度小于 0.5mm 的可不表示，天井、庭院在图上小于 6mm² 以下的可综合，房屋层次及建材根据需要注出。建筑物、构筑物轮廓凸凹在图上小于 0.5mm 时可用直线连接。道路通过散列式居民地不宜中断，按真实位置绘出。

城区道路以路沿线测出街道边沿线，无路沿线的按自然形成的边线表示。街道中的安全岛、绿化带及街心花园应绘出。

依比例尺表示垣栅，准确测出基部轮廓并配置相应的符号，不依比例尺表示的垣栅应测绘出定位点、线并配置相应的符号。

街道的中心处、交叉处、转折处及地面起伏变化处，重要房屋、建筑物基部转折处，庭院中，各单位的出入口等要测注高程点，垣栅的端点及转折处也要测注高程点。

（3）工矿建（构）筑物及其他设施的测绘，包括矿山开采、勘探、工业、农业、科学、文教、卫生、体育设施和公共设施等，地形图上应正确表示。依比例尺表示的应准确测出轮廓，配置相应的符号并根据产品的名称或设施的性质加注文字说明；不依比例尺表示的设施应准确测定定位点、定位线的位置，并加注文字说明。

凡具有判定方位、确定位置、指示目标的设施应测注高程点，如：入井口、水塔、烟囱、打谷场、雷达站、水文站、岗亭、纪念碑、钟楼、寺庙、地下建筑物的出入口等。

（4）独立地物是判定方位、指示目标、确定位置的重要依据，必须准确测定位置。独立地物多的地区，优先表示突出的，其余可择要表示。

（5）交通及附属设施的测绘。所有的铁路、有轨车道、公路、大车路、乡村路均应测绘。车站及附属建筑物、隧道、桥涵、路堑、路地、里程碑等均需表示。在道路稠密地区，次要的人行道可适当取舍。铁路轨顶（曲线要取内轨顶）、公路中心及交叉处、桥面等应测取高程注记点，隧道、涵洞应测注底面高程。公路及其他双线道路在大比例尺图上按实宽依比例尺表示，若宽度在图上小于 0.6mm 时，则用半比例尺符号表示。公路、街道按路面材料划分为水泥、沥青、碎石、砾石、硬砖、沙石等，以文字注记在图上。辅面材料改变处应用点线分离。出入山区、林区、沼泽区等通行困难地区的小路，以及通往桥梁、渡口、山隘、峡谷及其特殊意义的小路一般均应测绘。居民地间应有道路相连并尽量构成网状。

1：500、1：1000 测图铁路依比例尺表示铁轨轨迹位置，1：2000 测图测绘铁路中心位置可不依比例尺符号表示。电气化铁路应测出电杆（铁塔）的位置。火车站的建筑物按居民地要求测绘并加注名称。车站的附属设施如站台、天桥、地道、信号机、车挡、转车盘等均按实际位置测出。

公路按其技术等级分别用高速公路、等级公路（1～4 级）、等外公路按实地状况测绘并注记技术等级代码。国家干线还要注记国道线编号。等级公路应注记铺面宽和路基宽度。道路在同一水平高度相交时，中断低一级的道路符号，不在同一水平相交的道路交叉处应绘以桥梁或其他相应的地形符号。

桥梁是连接铁路、公路、河运等交通的主要纽带，正确表示桥梁的性质、类别，按实地状况测绘出桥头、桥身的准确位置，并根据建筑结构、建材质料加注文字说明。

正确表示河流、湖泊、海域的水运情况。码头、渡口、停泊场、航行标志、航行险区均应测绘。

对铁路、公路、大车路等道路图上每隔 10～15cm 及路面坡度变化处应测注高程点。桥梁、隧道、涵洞底部、路堑、路堤的顶部应测注高程，路堑、路堤亦要测注比高。当高程注记与比高注记不易区分时，在比高数字前加"＋"号。

（6）管线及附属设施的测绘。正确测绘管线的实地定位点和走向特征，正确表示管线类别。

永久性电力线、通信线及其电杆、电线架、铁塔均应实测位置。电力线应区分高压线和低压线。居民地内的电力线、通信线可不连线，但应在杆架处绘出连线方向。

地面和架空的管线均应表示，并注记其类别。地下管线根据用途需要决定表示与否，但入口处和检修井需表示。管道附属设施均应实测位置。

（7）水系及附属设施的测绘。海岸、河流、湖泊、水库、运河、池塘、沟渠、泉、井及附属设施等均应测绘。海岸线以平均大潮高潮所形成实际痕迹线为准，河流、湖泊、池塘、水库、塘等水压线一般按测图时的水位为准。高水界按用图需要表示。溪流宽度在图上大于 0.5mm 的用双线依比例尺表示，小于 0.5mm 的用单线表示；沟渠宽图上大于1mm（1∶2000 测图大于 0.5mm）的用双线表示，小于 1mm（1∶2000 测图小于 0.5mm）的用单线表示。表示固定水流方向及潮流向。水深和等深线按用图需要表示。干出滩按其堆积物和海滨植被实际表示。水利设施按实地状况、建筑结构、建材质料正确表示。较大的河流、湖、水库，按需要施测水位点高程及注记施测日期。河流交叉处、时令河的河床、渠的底部、堤坝的顶部及坡脚、干出滩、泉、井等要测注高程，瀑布、跌水测注比高。

（8）境界的测绘。正确表示境界的类别、等级及准确位置。行政区划界有相应等级政府部门的文件、文本作依据。县级以上行政区划界应表示，乡（镇）界按用图需要表示。两级以上境界重合时，只绘高级境界符号，但需同时注出各级名称。自然保护区按实地绘出界线并注记相应名称。

（9）地貌和土质利用等高线，配置地貌符号及高程注记表示。当基本等高距不能正确显示地貌形态时加绘间曲线，不能用等高线表示的天然和人工地貌形态，需配置地貌符号及注记。居民地中可不绘等高线，但高程注记点应能显示坡度变化特征。各种天然形成和人工修筑的坡、坎，其坡度在 70°以上时表示为陡坎，在 70°以下时表示为斜坡。斜坡在图上投影宽度小于 2mm 时宜表示为陡坎并测注比高，当比高小于1/2 等高距时，可不表示。梯田坎坡顶及坡脚在图上投影大于 2mm 以上实测坡脚，小于 2mm 时，测注比高，当比高小于1/2 等高距时，可不表示。若梯田坎较密，两坎间距在图上小于 10mm 时可适当取舍。断崖应沿其边沿以相应的符号测绘于图上。冲沟和雨裂视其宽度按图式在图上分别以单线、双线或陡壁冲沟符号绘出。

为了便于判读，每隔四根等高线描绘一根计曲线，当两根计曲线的间隔小于图上2.0mm 时，只绘计曲线。应选适当位置在计曲线上注记等高线高程，其数字的字头应朝向坡度升高的方向。在山顶、鞍部、凹地、陷地、盆地、斜坡不够明显处及图廓边附近的等高线上，应适当绘出示坡线。等高线如遇路堤、路堑、建筑物、石坑、断崖、湖泊、双线河流以及其他地物和地貌符号时应间断。各种土质按图式规定的相应符号表示。应注意区分沼泽地、沙地、岩石地、露岩地、龟裂地、盐碱地。

（10）植被。应表示出植被的类别和分布范围。地类界按实地分布范围测绘，在保持地类界特征前提下，对凹进凸出部分图上小于 5mm 可适当综合，地类界与地面上有实物的线状符号（道路、河流、坡坎等）重合或接近平行且间隔小于 2mm 时地类界可省略不绘，当遇境界、等高线、管线等符号重合时，地类界移位 0.2mm 绘出。

耕地需区分稻田、旱地、菜地及水生经济作物地。以树种和作物名称区分园地类别并配置相应的符号。林地在图上大于 25cm² 以上的须注记树名和平均树高，有方位和纪念意义的独立树要表示。田埂宽度在图上大于 1mm（1:500 测图 2mm）以上用双线表示。在同一地段内生长多种植物时，图上配置符号（包括土质）不超过三种。田角、田埂、耕地、园地、林地、草地均需测注高程。

（11）注记。地形图上应对行政区划、居民地、城市、工矿企业、山脉、河流、湖泊、交通等地理名称调查核实，正确注记。注记使用的简化字应按国务院颁布的有关规定执行。图内使用的地方字应在图外注明其汉语拼音和读音。注记使用的字体、字级、字向、字序形式按《1:500 1:1000 1:2000 地形图数字化规范》（GB/T 17160—1997）执行。

3. 地形图的拼接

每幅图应测出图廓外 5mm，自由图边在测绘过程中应加强检查，确保无误。

地形图接边只限于同比例尺同期测绘的地形图。接边限差不应大于表 3.1-2、表3.1-3规定的平面、高程中误差的 $2\sqrt{2}$ 倍。接边误差超过限差时，应现场检查改正；如不超过限差，平均配赋其误差。接边时线状地物的拼接不得改变其真实形状及相关位置，地貌的拼接不得产生变形。

4. 地形图的检查与验收

地形图的检查包括自检、互检和专人检查。在全面检查认为符合要求之后，即可予以验收，并按质量评定等级。

3.2 实习的准备工作及进度安排

3.2.1 实习小组及场地的划分

（1）以班级为单位建立各个测量实习组，每个班级一般分为 5 个小组，每组成员应在 5 人左右，由班长或学委来分划人员组成。每个实习小组设组长 1 人，负责全组的实习工作进度及安排，副组长 1 人负责仪器管理工作。

（2）每组测区不小于 250m×250m。

3.2.2 实习仪器的准备

全站仪 1 台（数字化成图时使用），经纬仪 1 台（传统成图时使用），水准仪 1 台，平板仪 1 套，钢尺 1 把，水准尺 2 根，大小花杆 3 根，测钎 1 束，记录板 1 块，背包 1 个，地形图图示 1 本，量角器 1 个，斧子 1 把，水泥钉及木桩若干，测伞 1 把，有关记录手簿，计算纸等。各组自备计算器以及铅笔等。

3.2.3 实习进度的安排

实习进度安排见表 3.2-1。

实习进度计划表

表 3.2-1

序号	项目与内容	时间安排	任务与要求
1	实习动员、借领仪器工具、踏勘测区选点	1 天	做好出测前的准备工作，熟悉测区，制订本组计划
2	控制测量	2 天	完成 1～2 条导线测量任务
3	碎部测量，坐标方格网绘制，展点，大比例尺地形图的测绘	5 天	以 1：500 比例尺地形图测绘 250m×250m 区域
4	地形图清绘	1 天	地形图注记、等高线勾绘、图的清绘、拼接等
5	点位、曲线放样	1 天	完成一个建筑物的施工放样，掌握点的平面位置及曲线测设的全过程
6	仪器检校、实习总结	1 天	检校仪器各轴系关系，整理实习资料
7	机动	1 天	
8	提交实习成果、归还仪器	2 天	指导教师审阅图纸合格后归还仪器于实验室

注：1. 在 1 项之间、2 项、3 项任务完成之后，指导教师一般会安排讲课一次，主要是总结前段的工作，布置后一阶段的任务；

2. 在进行第 3 项大比例尺地形图测绘工作的同时，每个组每天可安排 1～2 人到机房进行内业数据处理。

3.3 实习工作的展开

3.3.1 控制测量

控制测量的实习内容包括平面控制测量和高程控制测量两部分。实习过程中，要在测区内布设平面和高程控制网（可以是在同一导线上），确定图根控制点的平面位置（x，y）及高程（H）。

1. 平面控制测量

在测区实地踏勘，进行布网选点。在量距方便的情况下布设闭合导线，如测区起始控制点多，也可布设成附合导线，原则上每组至少要有一个闭合或附合导线（线路上点以9～10 个为宜），经计算合格后，在该导线基础上进行支导线的加密工作以满足测图需要。合格的观测成果经过内业计算最终获得控制点平面坐标。

（1）踏勘选点及埋设标志

踏勘是为了了解测区范围、地形及控制点情况，以便确定导线的形式和布置方案；选点应便于导线测量、地形测量和施工放样。

选点的原则为：

①相邻点通视良好便于测角和量距；

②等级导线点应便于加密图根点，应选在地势高、视野开阔便于施测碎部之处；

③相邻导线边长大致相等；

④密度适宜，点位均匀，应能覆盖整个测区，土质坚硬、便于保存寻找；

⑤若测区内有已知等级控制点，则所选图根控制点应包括已知点。

选好点位后应直接在地上打入木桩。桩顶钉一小铁钉或划"＋"作为点的标志。必要时在木桩周围灌上混凝土，如图 3.3-1。如导线点需要长期保存，应埋设混凝土桩或标石，如图 3.3-2。埋桩后统一进行编号。

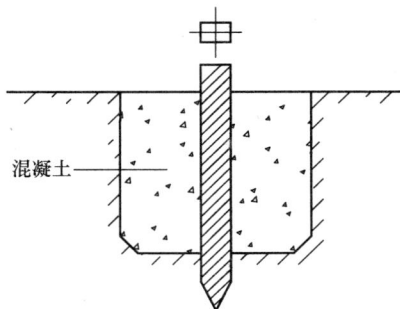

图 3.3-1　桩点示意图

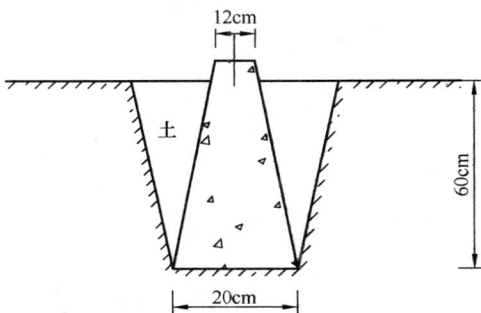

图 3.3-2　混凝土桩点

（2）测角

在导线网中，水平角即相邻导线边构成导线转折角。实习时可使用经纬仪或全站仪，测角时，左右角均可选用，一般测左角，闭合导线大多测内角。精度要求见表 3.3-1。

城市导线测量主要技术要求　　　　　　　　　　　　　　　表 3.3-1

等级	导线长度（km）	平均边长（km）	测角中误差（″）	测距中误差（mm）	测 回 数			方位角闭合差（″）	导线全长相对闭合差
					DJ$_1$	DJ$_2$	DJ$_6$		
三等	15	3	±1.5	±18	8	12	—	±3$\sqrt{n}$	1/60000
四等	10	1.6	±2.5	±18	4	6	—	±5$\sqrt{n}$	1/40000
一级	3.6	2.4	±5	±15	—	2	4	±10$\sqrt{n}$	1/10000
二级	2.4	1.5	±8	±15	—	1	3	±16$\sqrt{n}$	1/10000
三级	1.5	0.12	±12	±15	—	1	2	±24$\sqrt{n}$	1/6000
图根	≤1.0M		±30					±60$\sqrt{n}$	1/2000

注：1. n 为测站数，M 为测图比例尺分母；

2. 图根测角中误差为±30″，首级控制±30″；方位角闭合差一般为±60″$\sqrt{n}$，首级控制±40″$\sqrt{n}$。

（3）测边

传统导线测量可采用钢尺、测距仪（气象、倾斜改正）、视距法等方法。随着测绘技术的发展，目前全站仪已成为距离测量的主要手段。可用全站仪往、返丈量取平均值的方法，单向测量需记录测量显示值 3 次。往返丈量边长相对误差的限差为 1/5000，测量时需用光学对中法安置仪器，反光镜要尽量竖直。

（4）联测

当测区内无已知点时，应尽可能找得测区外的已知控制点，并与本区所设图根控制点进行联测，这样可使各组所设控制网纳入统一的坐标系统，也便于相邻测区边界部分的碎部测量和以后的图幅接边工作。

（5）平面坐标计算

首先校核外业观测数据，在观测成果合格的情况下进行闭合（附合）差配赋，然后由起算数据推算各控制点的平面坐标。计算中角度取至秒，边长和坐标值取至厘米，计算过程如下：

①填写已知数据及观测数据

②计算角度闭合差及其限差

闭合导线角度闭合差

$$f_\beta = \sum_{i=1}^{n} \beta - (n-2) \cdot 180° \tag{3.3-1}$$

测左角附合导线角度闭合差

$$f_\beta = \alpha_{始} + \sum_{i=1}^{n} \beta_{左} - n \cdot 180° - \alpha_{终} \tag{3.3-2}$$

测右角附合导线角度闭合差

$$f_\beta = \alpha_{始} - \sum_{i=1}^{n} \beta_{右} + n \cdot 180° - \alpha_{终} \tag{3.3-3}$$

图根导线角度闭合差的限差

$$f_{\beta容} = \pm 40'' \sqrt{n} \tag{3.3-4}$$

③计算角度改正数

闭合导线及测左角附合导线的角度改正数

$$v_i = -\frac{f_\beta}{n} \tag{3.3-5}$$

测右角附合导线的角度改正数

$$v_i = \frac{f_\beta}{n} \tag{3.3-6}$$

④计算改正后的角度

改正后角度

$$\overline{\beta}_i = \beta_i + v_i \tag{3.3-7}$$

⑤推算方位角

左角推算关系式

$$\alpha_{i,i+1} = \alpha_{i-1,i} \pm 180° + \overline{\beta}_i \tag{3.3-8}$$

右角推算关系式

$$\alpha_{i,i+1} = \alpha_{i-1,i} \pm 180° - \overline{\beta}_i \tag{3.3-9}$$

⑥计算坐标增量

纵向坐标增量

$$\Delta x_{i,i+1} = D_{i,i+1} \cdot \cos\alpha_{i,i+1} \tag{3.3-10}$$

横向坐标增量

$$\Delta y_{i,i+1} = D_{i,i+1} \cdot \sin\alpha_{i,i+1} \tag{3.3-11}$$

⑦计算坐标增量闭合差

闭合导线坐标增量闭合差

$$f_x = \Sigma \Delta x \qquad f_y = \Sigma \Delta y \tag{3.3-12}$$

附合导线坐标增量闭合差

$$f_x = x_起 + \Sigma \Delta x - x_终 \qquad f_y = y_起 + \Sigma \Delta y - y_终 \qquad (3.3-13)$$

⑧计算全长闭合差及其相对误差

导线全长闭合差

$$f = \sqrt{f_x^2 + f_y^2} \qquad (3.3-14)$$

导线全长相对误差

$$k = \frac{f}{\Sigma D} = \frac{1}{\Sigma D \div f} \qquad (3.3-15)$$

图根导线全长相对误差的限差

$$k_容 = \frac{1}{2000} \qquad (3.3-16)$$

⑨精度满足要求后，计算坐标增量改正数

纵向坐标增量改正数

$$v_{\Delta x_{i,i+1}} = -\frac{f_x}{\Sigma D} D_{i,i+1} \qquad (3.3-17)$$

横向坐标增量改正数

$$v_{\Delta y_{i,i+1}} = -\frac{f_y}{\Sigma D} D_{i,i+1} \qquad (3.3-18)$$

⑩计算改正后坐标增量

改正后纵向坐标增量

$$\overline{\Delta x_{i,i+1}} = \Delta x_{i,i+1} + v_{\Delta x_{i,i+1}} \qquad (3.3-19)$$

改正后横向坐标增量

$$\overline{\Delta y_{i,i+1}} = \Delta y_{i,i+1} + v_{\Delta y_{i,i+1}} \qquad (3.3-20)$$

⑪计算导线点的坐标

纵坐标

$$x_{i+1} = x_i + \overline{\Delta x_{i,i+1}} \qquad (3.3-21)$$

横坐标

$$y_{i+1} = y_i + \overline{\Delta y_{i,i+1}} \qquad (3.3-22)$$

2. 高程控制测量

在踏勘的同时布设高程控制网，高程控制网与平面导线网可合为一处，并测定图根点的高程。首级起算高程控制点，一般设在平面控制点上（已知水准点），一般高程控制点，采用图根水准测量，布网形式可为附合路线、闭合环等；闭合差限差可参见相关规范要求。

（1）水准测量

用 DS$_3$ 水准仪沿路线设站单程施测，并取平均值作为该站的高差。图根水准测量的技术指标为视线长度小于 50m，同测站两次高差的差数不大于 ±6mm，路线允许高差闭合差为 ±40$\sqrt{L}$（mm）或 ±12$\sqrt{n}$（mm），式中 L 为单程路线长度（km），n 为测站数。

（2）高程计算

对路线闭合差进行配赋后，由已知点高程推算各图根点高程。观测和计算单位取至1mm，最后成果取至1cm。计算过程如下：

①填写已知数据及观测数据

②计算高差闭合差及其限差

闭合导线高差闭合差

$$f_\mathrm{h} = \Sigma h \tag{3.3-23}$$

附合导线高差闭合差

$$f_\mathrm{h} = H_起 + \Sigma h - H_终 \tag{3.3-24}$$

普通水准测量高差闭合差的限差

$$f_{\mathrm{h}容} = \pm 40\sqrt{L}（平地）$$

$$f_{\mathrm{h}容} = \pm 12\sqrt{N}（山地） \tag{3.3-25}$$

式中，L（$L = \Sigma l$）为水准测量路线总长（km）；N（$N = \Sigma n$）为水准测量路线测站总数；$f_{\mathrm{h}容}$ 为限差（mm）。

③计算高差改正数

高差改正数

$$v_{i,i+1} = -\frac{f_\mathrm{h}}{\Sigma n}n_{i,i+1} \text{ 或 } v_{i,i+1} = -\frac{f_\mathrm{h}}{\Sigma l}l_{i,i+1} \tag{3.3-26}$$

④计算改正后高差

改正后高差

$$\overline{h}_{i,i+1} = h_{i,i+1} + v_{i,i+1} \tag{3.3-27}$$

⑤计算图根点高程

图根点高程

$$H_{i+1} = H_i + \overline{h}_{i,i+1} \tag{3.3-28}$$

3.3.2 碎部测量

碎部测量是以控制点为测站，测定周围碎部点的平面位置和高程，并按规定的图示符号绘制成图。

地物、地貌的特征点，统称为地形特征点，正确选择地形特征点是碎部测量中十分重要的工作，它是地形测绘的基础。地物特征点，一般选在地物轮廓的方向线变化处，如房屋角点、道路转折点或交叉点、河岸水涯线或水渠的转弯点等。对于形状不规则的地物，通常要进行取舍。一般的规定是主要地物凸凹部分在地形图上大于0.4mm均应测定出来；小于0.4mm时可用直线连接。一些非比例表示的地物，如独立树、纪念碑和电线杆等独立地物，则应选在中心点位置。地貌特征点，通常选在最能反映地貌特征的山脊线、山谷线等地性线上。如山顶、鞍部、山脊、山谷、山坡、山脚等坡度或方向的变化点，利用这些特征点勾绘等高线，才能在地形图上真实地反映出地貌来。在地面平坦或坡度无显著变化地区，碎部点的间距和碎部点的最大视距，应符合表3.3-2规定。城市建筑区的最大视距，参见表3.3-3所示。

平坦区域最大视距   表 3. 3-2

测图比例尺	地形点最大间距（m）	最大视距（m）	
		主要地物点	次要地物点和地形点
1：500	15	60	100
1：1000	30	100	150
1：2000	50	130	250
1：5000	100	300	350

城市建筑区最大视距   表 3. 3-3

测图比例尺	最 大 视 距（m）	
	主要地物点	次要地物点和地形点
1：500	50（量距）	70
1：1000	80	120
1：2000	120	200

1. 地物描绘

描绘的地形图要按图式规定的符号表示地物。依比例描绘的房屋，轮廓要用直线连接，道路、河流的弯曲部分要逐点连成光滑的曲线。不依比例描绘的地物，需按规定的非比例符号表示。

2. 等高线勾绘

由于等高线表示的地面高程均为等高距 h 的整倍数，因而需要在两碎部点之间内插以 h 为间隔的等高点。内插是在同坡段上进行。实习过程中，主要采用两种方法：

（1）目估法

如图 3.3-3（a）所示，某局部地区地貌特征点的相对位置和高程，已测定在图上。首先连接地性线上同坡段的相邻特征点 ba、bc 等，虚线表山脊线，实线表山谷线，然后在同坡段上，按高差与平距成比例的关系内差等高点，勾绘等高线。已知 a、b 点平距为 35mm，高差 $h_{ab}=48.5-43.1=5.4m$，如勾绘等高距为 1m 的等高线，共有 5 根线穿过 ab 段，两线间的平距 $d=6.7mm$（由 $d：35=1：5.4$ 求得）。a 点至第一根等高线的高差为 0.9m，不是 1m，按高差 1m 的平距 d 为标准，适当缩短（将 d 分为 10 份，取 9 份），目估定出 44m 的点；同法在 b 点定出 48m 的点。然后将首尾点间的平距 4 等分定出 45m、46m、47m 各点；同理，在 bc、bd、be 段上定出相应的点，如图 3.3-3（b）。最后将相邻等高的点，参照实地的地貌用圆滑的曲线徒手连接起来，就构成一簇等高线，如

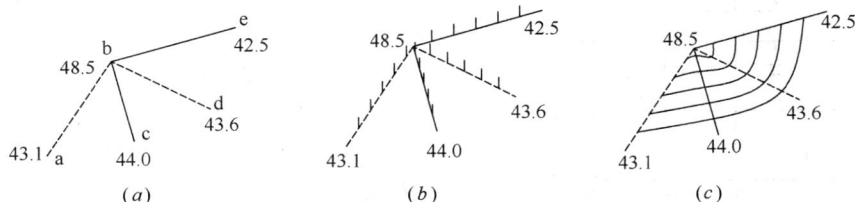

图 3.3-3　目估法绘制等高线

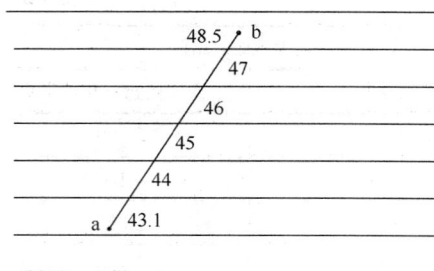

图 3.3-4　图解法绘制等高线

图3.3-3（c）。

（2）图解法

绘一张等间隔若干条平行线的透明纸，蒙在勾绘等高线的图上，转动透明纸，使 a、b 两点分别位于平行线间的 0.1 和 0.5 的位置上，如图 3.3-4，则直线 ab 和五条平行线的交点，便是高程为 44m、45m、46m、47m 及 48m 的等高线位置。

3. 测图前的准备工作

（1）绘制坐标格网

选择较好的图纸，用对角线法或坐标格网尺法绘制格长 10cm（或 5cm）的坐标格网，并进行检查。对角线法具体步骤如下：

如图 3.3-5 所示，先用直尺在图纸上绘出两条对角线，以交点 M 为圆心沿对角线量取等长线段，得 A、B、C、D 点，用直线顺序连接 4 点，得矩形 ABCD。再从 A、D 两点起各沿 AB、DC 方向每隔 10cm 定一点；从 D、C 两点起各沿 DA、CD 方向每隔 10cm 定一点，连接矩形对边上的相应点，即得坐标格网。坐标格网画好后，要用直尺检查各网格的交点是否在同一直线上（如图中的 ab 直线），其偏离值不应超过 0.2mm。用比例尺检查 10cm 小方格网的边长，其值与 10cm 的误差不应超过 0.2mm；小方格网对角线长度与 14.14cm 的误差不应超过 0.3mm。如检查值超过限差，应重新绘制方格网。

（2）展绘控制点

展绘控制点前，首先要按图的分幅位置，确定坐标格网线的坐标值，使控制点安置在图纸上的适当位置，坐标值要注在相应格网边线的外侧，如图 3.3-6。按坐标展绘控制点，先要根据其坐标，确定所在的方格。例如控制点 D 的坐标 $x_D = 420.34m$，$y_D = 423.43m$。根据 D 点的

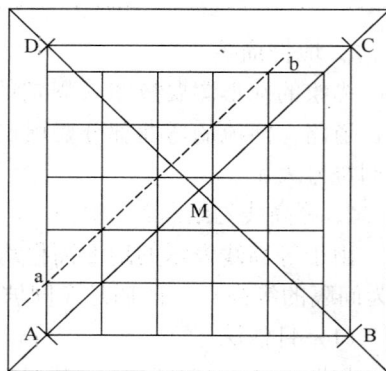

图 3.3-5　对角线法绘制格网

坐标值，可确定其位置在 efgh 方格内。分别从 ef 和 gh 按测图比例尺各量取 20.34m，得 i、j 两点；然后从 i 点开始沿 ij 方向按测图比例尺量取 23.43m，得 D 点。同法可将图幅内所有控制点展绘在图纸上，最后用比例尺量取各相邻控制点间的距离作为检查，其距离与相应的实地距离的误差不应超过图上 0.3mm。在图纸上的控制点要注记点名和高程，一般可在控制点的右侧以分数形式注明，分子为点名，分母为高程，如图 3.3-6。

4. 地形测图

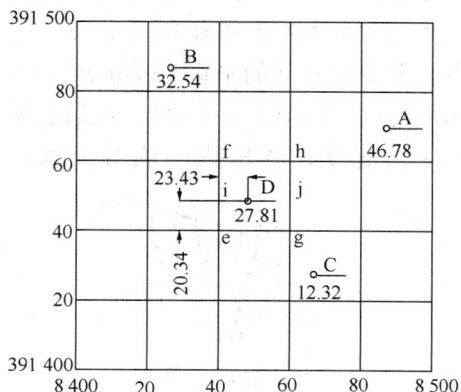

图 3.3-6　控制点展绘

测图比例尺为 1:1000（或 1:500），等高距采用 1m（或 0.5m），平坦地区也可采用高程注记法。测图方法可选用大平板仪测绘法、经纬仪（水准仪）与小平板仪联合测绘法，经纬仪测距法等。

（1）经纬仪（光电测距仪）测绘法

该方法的实质是按极坐标定点进行测图，观测时先将经纬仪安置在测站上，绘图板安置于测站旁，用经纬仪测定碎部点的方向与已知方向之间的夹角，测定测站至碎部点的距离和碎部点高程。然后根据测定数据按极坐标法用量角器和比例尺把碎部点的平面位置展绘在图纸上，并在点的右侧注明其高程，对照实地描绘地形图。此法操作简单、灵活，不受地形限制，适用于各类地区的测图工作。具体操作如下：

①仪器安置：如图 3.3-7 所示，安置仪器于测站点（控制点 A）上，量取仪器高 i，填入手簿。置水平盘读数为 $0°0'0''$，后视另一控制点 B。

②跑尺：在地形特征点上立尺的工作称为跑尺。立尺前，立尺员应弄清实测范围和实地情况，选定立尺点，并与观测员、绘图员共同商定跑尺路线。

图 3.3-7　经纬仪测图

③观测：转动照准部，瞄准点 P 的标尺，读视距间隔 l，中丝读数 V，竖盘读数 L 及水平角 β。将数据计入手簿进行计算。

④绘图：绘图是根据图上已知的零方向，在 a 点上用量角器定出 ap 方向，并在该方向上按比例尺针刺 D_P 定出 P 点，并标注高程。同法测出其余各碎部点的平面位置与高程，绘于图上，并随测随绘等高线和地物。

用光电测距仪测绘地形图与用经纬仪的测绘方法基本一致，只是距离测量的方法不同。根据斜距 S、竖盘读数 L、仪器高 i 和棱镜高 v，就可算出 D 和 H，加上 β 角，即可展绘点位。

（2）小平板仪与经纬仪联合测图法

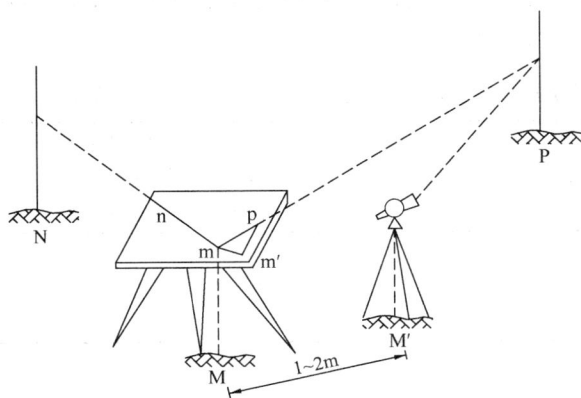

图 3.3-8　小平板仪与经纬仪测图

如图 3.3-8，安置经纬仪在测站 M 附近 1～2m 的 M′ 点，视距尺立于 M 点上，使经纬仪盘左竖盘读数 L 为 90°视线水平，瞄准视距尺读数 v，量取仪器高 i，可计算出 M′ 点的高程（$H_{M'} = H_M + v - i$）。然后安置平板仪于 M 点，用照准器瞄准 N 点，以图上 mn 进行定向。小平板定向好后，再用照准器瞄准经纬仪的垂球线，在图上画出直线方向线 mm′，将量取的 MM′ 的距离按比例尺展 M′ 点在图上，定出 m′ 点。测图时，测图员以照准器直尺边缘切于图上 m 点，瞄准立在碎部点 P 的视距尺，在图纸上画出方向线 mp。同时经纬仪司镜员也瞄准 P 点，用视距法测出 M′P 的水平距离 $D_{M'P}$ 和高差 $h_{M'P}$，并报给测图员。在图板上测图员以 m′ 为圆心，按比例尺以 $D_{M'P}$ 为半径，与 mm′ 方向线相交得 p 点，并在点旁注高程。依同样方法，可测绘出其他碎部。

5. 碎部测量注意事项

（1）设站时经纬仪对中偏差应小于 5mm。以较远的点作为定向点并在测图过程中随时检查，经纬仪法测图时归零差应小于 4′。对另一图根点高程检测的较差应小于 0.2H（H 为基本等高距）。

（2）设站时平板仪对中误差应小于 0.05M（mm），M 是测图比例尺分母。以较远点作为定向点并在测图过程中随时检查，再以其他图根点作定向检查时，该点在图上的偏差应小于 0.3mm。

（3）跑尺选点方法可由近及远，再由远到近，顺时针方向行进。立尺时标尺须竖直，注意周围情况，弄清碎部点之间的关系，所有地物和地貌的特征点都应立尺。

（4）展绘时应按图式符号表示出居民地、独立地物、管线及垣栅、境界、道路、水系、植被等各项地物和地貌要素以及各类控制点、地理名称注记等。高程注记至厘米，记在测点右边，字头朝北。所有地形地物一般应在测站上现场绘制完成。确认无误后，方可迁站。

（5）绘图人员要注意图面正确整洁，注记清晰，随测点，随展绘，随检查。

6. 地形图的拼接、检查和整饰

在大区域内测图，地形图是分幅测绘的。为了保证相邻图幅的互相拼接，每一幅图的四边，要测出图廓外 5mm。测完图后，还需要对图幅进行拼接、检查与整饰，方能获得符合要求的地形图。

每幅图施测完后，在相邻图幅的连接处，无论是地物或地貌，往往都不能完全吻合。相邻两幅图边的房屋、道路、等高线都有偏差。如相邻图幅地物和等高线的偏差，不超过表 3.3-4 规定的 $2\sqrt{2}$ 倍，取平均位置加以修正。修正时，通常用宽 5~6cm 的透明纸蒙在左图幅的接图边上，用铅笔把坐标格网线、地物、地貌描绘在透明纸上，然后再把透明纸按坐标格网线位置蒙在右图幅衔接边上，同样用铅笔描绘地物、地貌。若接边差在限差内，则在透明纸上用彩色笔平均配赋，并将纠正后的地物地貌分别刺在相邻图边上，以此修正图内的地物、地貌。

图幅拼接点位误差 表 3.3-4

地区类别	点位中误差（图上 mm）	邻近地物点间距中误差（图上 mm）	等高线高程中误差（等高距）			
			平地	丘陵	山地	高山
山地、高山地和设站施测困难的旧街坊内部	0.75	0.6	1/3	1/2	2/3	1
城市建筑区和平地、丘陵地	0.5	0.4				

（1）地形图的检查

①室内检查

观测和计算手簿的记载是否齐全、清楚和正确，各项限差是否符合规定；图上地物、地貌的真实性、清晰性和易读性，各种符号的运用、名称注记等是否正确，等高线与地貌特征点的高程是否符合，有无矛盾或可疑的地方，相邻图幅的接边有无问题等。如发现错误或疑点，应到野外进行实地检查修改。

②室外检查

首先进行巡视检查，应根据室内检查的重点，按预定的巡视路线，进行实地对照查看。主要查看原图的地物、地貌有无遗漏；勾绘的等高线是否逼真合理，符号、注记是否正确等。然后进行仪器设站检查，除对在室内检查和巡视检查过程中发现的重点错误和遗漏进行补测和更正外，对一些怀疑点，地物、地貌复杂地区，图幅的四角或中心地区，也需抽样设站检查，一般为 10%左右。

（2）地形图的整饰

当原图经过拼接和检查后，要进行清绘和整饰，使图面更加合理、清晰、美观。整饰应遵循先图内后图外，先地物后地貌，先注记后符号的原则进行。工作顺序为：内图廓、坐标格网，控制点、地形点符号及高程注记，独立物体及各种名称、数字的绘注，居民地等建筑物，各种线路、水系等，植被与地类界，等高线及各种地貌符号等。图外的整饰包括外图廓线、坐标网、经纬度、接图表、图名、图号、比例尺、坐标系统及高程系统、施测单位、测绘者及施测日期等。图上地物以及等高线的线条粗细、注记字体大小均按规定的图式进行绘制。

现代测绘部门大多已采用计算机绘图工序，经外业测绘的地形图，只需用铅笔完成清绘，然后用扫描仪使地图矢量化，便可通过 Auto CAD 等绘图软件进行地形图的机助绘制。

3.3.3 数字化成图

利用全站仪能同时测定距离、角度、高差，提供待测点三维坐标，将仪器野外采集的数据，结合计算机、绘图仪以及相应软件，就可以实现自动化测图。

1. 全站仪测图模式

结合不同的电子设备，全站仪数字化测图主要有如图 3.3-9 三种模式。

图 3.3-9　全站仪地形测图模式

（1）全站仪结合电子平板模式

该模式以便携式电脑作为电子平板，通过通讯线直接与全站仪通讯、记录数据，实时成图。因此，其具有图形直观、准确性强、操作简单等优点，即使在地形复杂地区，也可现场测绘成图，避免野外绘制草图。目前这种模式的开发与研究相对比较完善，由于便携式电脑性能和测绘人员综合素质不断提高，因此它符合今后的发展趋势。

（2）直接利用全站仪内存模式

该模式使用全站仪内存或自带记忆卡，把野外测得的数据，通过一定的编码方式，直接记录，同时野外现场绘制复杂地形草图，供室内成图时参考对照。因此，它操作过程简单，无需附带其他电子设备；对野外观测数据直接存储，纠错能力强，可进行内业纠错处理。随着全站仪存储能力的不断增强，此方法进行小面积地形测量时，具有一定的灵活性。

（3）全站仪加电子手簿或高性能掌上电脑模式

该模式通过通讯线将全站仪与电子手簿或掌上电脑相连，把测量数据记录在电子手簿或便携式电脑上，同时可以进行一些简单的属性操作，并绘制现场草图。内业时把数据传输到计算机中，进行成图处理。它携带方便，掌上电脑采用图形界面交互系统，可以对测量数据进行简单的编辑，减少了内业工作量。随着掌上电脑处理能力的不断增强，科技人员正进行针对于全站仪的掌上电脑二次开发工作，此方法会在实践中进一步完善。

2. 全站仪数字测图过程

全站仪数字化测图，主要分为准备工作、数据获取、数据输入、数据处理、数据输出五个阶段。在准备工作阶段，包括资料准备、控制测量、测图准备等，与传统地形测图一样，在此不再赘述，现以实际生产中普遍采用的全站仪加电子手簿测图模式为例，从数据采集到成图输出介绍全站仪数字化测图的基本过程。

（1）野外碎部点采集

一般用"解算法"进行碎部点测量采集，用电子手簿记录三维坐标 $(x，y，h)$ 及其绘图信息。既要记录测站参数、距离、水平角和竖直角的碎部点位置信息，还要记录编码、点号、连接点和连接线型四种信息，在采集碎部点时要及时绘制观测草图。

（2）数据传输

用数据通讯线连接电子手簿和计算机，把野外观测数据传输到计算机中，每次观测的数据要及时传输，避免数据丢失。

（3）数据处理

数据处理包括数据转换和数据计算。数据处理是对野外采集的数据进行预处理，检查可能出现的各种错误；把野外采集到的数据编码，使测量数据转化成绘图系统所需的编码格式。数据计算是针对地貌关系的，当测量数据输入计算机后，生成平面图形、建立图形文件、绘制等高线。

（4）图形处理与成图输出

编辑、整理经数据处理后所生成的图形数据文件，对照外业草图，修改整饰新生成的地形图，补测重测存在漏测或测错的地方。然后加注高程、注记等，进行图幅整饰，最后成图输出。

3.3.4　工程放样

本项实习包括已知高程测设、点的平面位置测设和圆曲线测设，放样结束后要由指导老师来检验是否合格。

1. 已知高程测设

（1）目的与要求

①了解测量基本要素放样工作的一般过程；

②掌握建筑施工中高程测设的基本方法；

③高程误差小于±8mm。

（2）仪器与工具

DS₃ 水准仪 1 台，水准尺 2 把，记录板 1 块，木桩小钉若干，斧头（或锤子）1 把，测伞 1 把。自备计算器、铅笔等其他物品。

（3）方法与步骤

如图 3.3-10 所示，已知水准点 A 高程 H_A，欲测设 P 桩使其高程为 H_B。

①在 A 点和待测点 B（打一木桩或用小钉子做上标志）之间安置水准仪，先在 A 点立水准尺，读得尺上读数 a，由此得仪器高程为 $H_i = H_A + a$

②要使 P 桩高程为 H_B，则对应 P 点上水准尺的度数应为 $b = H_i -$

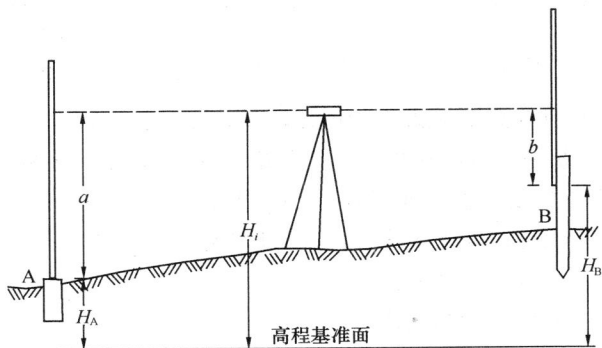

图 3.3-10　高程测设示意图

H_B。具体做法是将水准尺靠在 P 桩的一侧，上下移动尺子，待读数为 b 时停止，然后根据尺底在木桩上画线来代表 H_B 的设计高程。或者可以将木桩逐步打入土中，使其上的水准尺读数逐渐变为 b 为止。

③如果木桩位置太高（或低），设计高程不能标定，可以在桩侧面选择一个适当的整分划线，并注释下挖（上填）大小，定出高程。

2. 建筑物轴线测设

（1）目的与要求

掌握建筑物轴线放样的基本方法。

（2）仪器与工具

DJ₆ 光学经纬仪（或全站仪）1 台，钢尺 1 把，标杆 1 只，水准尺 1 把，记录板 1 块，木桩 6 只，测钎 2 根，测伞 1 把，自备铅笔、计算器等相关工具。

（3）方法与步骤

①根据控制点和放样数据，画出放样略图，本书仅采用极坐标法进行平面位置的测设（根据现场情况还可采用直角坐标法、角度交会法和距离交会法）。

②在较平坦的地面上选定相邻约 40～50m 的 A、B 两点，打下木桩，假定 AB 平行于测量坐标系的横轴，A、B 点是测量控制点，C、D、E、F 为放样点，A、B、C、D 坐标给定如表 3.3-5。

点 位 数 据　　　　　　　　　　　　　　　　表 3.3-5

已知坐标点（m）			设计坐标点（m）		
点号	x	Y	点号	x	y
A	100.000	100.000	C	108.360	105.240
B	100.000	150.000	D	108.360	125.240

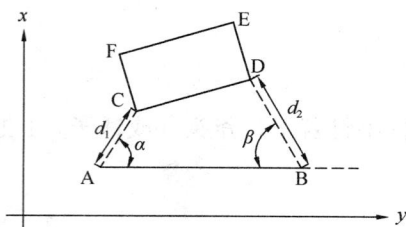

图 3.3-11　建筑物轴线测设

③如图 3.3-11，安置经纬仪于 A 点，瞄准点 B，变换水平度盘使读数 α，逆时针旋转照准部，使水平度盘读数为 $0°0'0''$，用测钎标出该方向，在该方向上从 A 点量水平距离 d_1，打下木桩，再重新用经纬仪标定方向并用钢尺量距，在木桩上定出 C 点。

安置经纬仪于 B 点，用类似方法测设 D 点（不同之处在于瞄准 A 点后，照准部顺时针旋转 β 角）。

④用钢尺实地丈量 C、D 水平距离，其与设计距离的差数不应大于 10mm，以此作为检核。

⑤在 C 点设站，测设直角，在直角方向上测设 15m，得到 F 点，用钢尺往返丈量 DF，与设计值的相对误差小于 1/3000。

同理，在 D 点设站，可得 E 点。

3. 圆曲线测设

（1）目的与要求

①掌握圆曲线主点元素的计算及主点测设的主要方法。

②掌握用偏角法、直角坐标法测设的基本方法。

（2）仪器与工具

DJ_6 经纬仪（带脚架）1 套，斧头（或锤子）1 把，木桩及小钉若干，记录板 1 块，钢卷尺 1 把，卡尺 1 把，测伞 1 把，自备铅笔、计算器等相关工具。

（3）方法与步骤

1）圆曲线主点的测设

①选取适当的半径设计值 R（可取 50m 左右）和转折角 Δ（可取 120° 左右），并计算出圆曲线要素，即切线长 T，曲线长 L，外矢距 E，切曲差 D。

②在场地上选取 JD 点，设定 ZY（或 YZ）的方向，在 JD 点安置经纬仪，完成对中整平。

③望远镜瞄准 ZY 点方向，用钢尺丈量水平距离 T，标定 ZY 点。望远镜逆时针拨动 $\alpha = 180° - \Delta$ 角度，照准方向，用钢尺丈量水平距离 T，标定 YZ 点。

④用望远镜再顺时针拨动 $\beta = 90° - \dfrac{\Delta}{2}$ 角，照准方向，丈量水平距离 E，标定 QZ 点。

2）用偏角法测定圆曲线细部点（图 3.3-12）

①将经纬仪安置于 ZY 点，对中整平，后视 JD 点，使水平度盘读数为 $0°0'0''$。

②转动照准部，使水平度盘读数为第一个细部点的偏角 γ_1，在视线方向上丈量弦长 c_1，定出 P_1 点，插下测钎。

③继续转动照准部，使水平读盘的读数

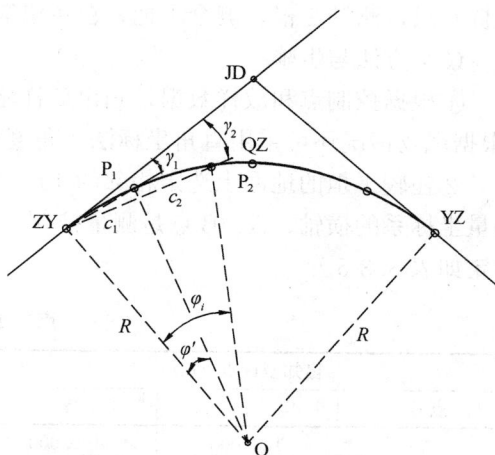

图 3.3-12　偏角法测设圆曲线

为第二个细部点的偏角 γ_2，用尺以 P_1 点为圆心，弦长 c_2 为半径画圆弧与望远镜视线相交，该交点即为细部点 P_2，插下测钎。同法测设其他细部点。

3）用直角坐标法（也称切线支距法）测定圆曲线细部点（图 3.3-13）

①将经纬仪安置于 ZY 点，对中整平，后视 JD 点。

②用钢尺自 ZY 点（或 YZ 点）沿切线方向测设出 x_1、x_2、x_3……，在地面上定出各垂足点。

③在各垂足点处，安置经纬仪或方向架，定出垂线方向，分别在各自的垂线方向上测设 y_1、y_2、y_3……，定出各细部点 P_1、P_2、P_3……。

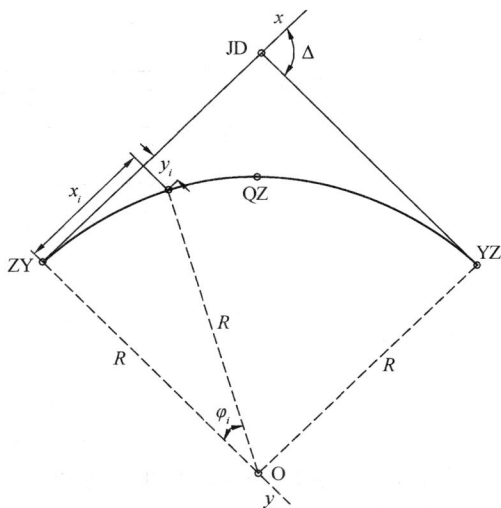

图 3.3-13　切线支距法测设圆曲线

3.4　实验仪器的检验与校正

3.4.1　水准仪的检验与校正

1. 目的与要求

（1）认识微倾式水准仪的主要轴线及它们之间所具备的几何关系。

（2）掌握水准仪的检验方法。

（3）了解水准仪的校正方法。

2. 仪器与工具

DS_3 水准仪 1 台、水准尺 2 把、木桩 2 个、斧子 1 把、校正针 1 根、尺垫 2 个。自备：计算器、2H 铅笔、小刀、记录本。

3. 实习的方法与步骤

（1）一般性检验

安置仪器后，首先检验三脚架是否牢固，制动和微动螺旋、微倾螺旋、对光螺旋、脚螺旋等是否有效，望远镜成像是否清晰等。同时了解水准仪各主要轴线及其相互关系。

水准仪的轴线及其应满足的几何条件：

如图 3.4-1，水准仪的轴线有视准轴 CC，水准管轴 LL，圆水准轴 $L'L'$，仪器竖轴 VV。它们之间应满足的几何条件为：

①圆水准轴 $L'L'$ 应平行于仪器竖轴 VV；

②十字丝横丝应垂直于仪器竖轴 VV；

③水准管轴 LL 应平行于视准轴 CC。

（2）圆水准器轴平行于仪器竖轴的检验和校正

此项检验的目的是检验 $L'L'$ 是否平行于 VV。若两轴平行，则当圆水准器气泡居中时，竖轴 VV 就处于铅垂位置。

①检验：旋转脚螺旋，使圆水准气泡居中，此时 $L'L'$ 处于竖直位置。松开制动螺旋，

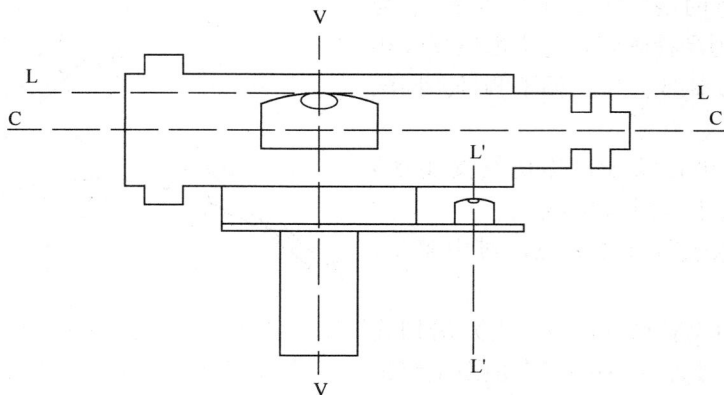

图 3.4-1 水准仪的轴线关系图

使仪器绕 VV 轴旋转 180°，如果气泡仍然居中，说明 VV 轴也处于竖直位置，L′L′和 VV 平行关系满足，不需要校正。反之，旋转 180°后，如果气泡偏于一边，不再居中，说明 VV 轴和 L′L′轴平行关系不满足，两轴间存在夹角 α 需要校正。如图 3.4-2 (a) 所示，气泡居中后仪器转动前，L′L′处于竖直位置而 VV 轴偏离竖直方向 α 角，图 3.4-2 (b) 为仪器旋转 180°后 L′L′和 VV 间相对关系，此时，L′L′比转动前倾斜了 2α 角。

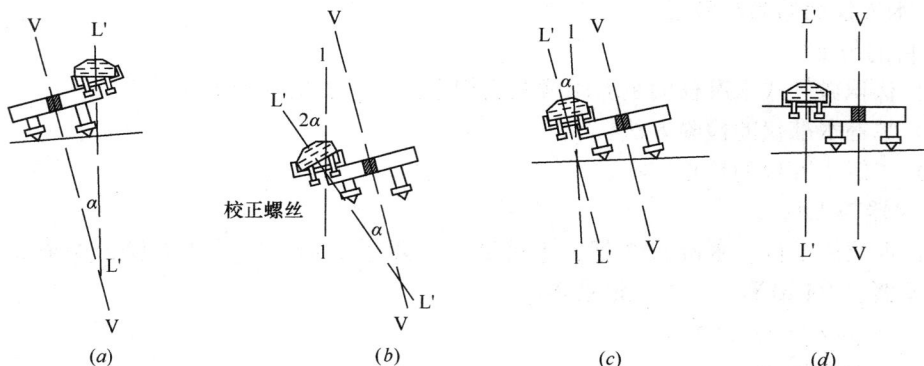

图 3.4-2 圆水准器轴平行于仪器竖轴的检验

②校正：先稍松圆水准器底部中央的固紧螺丝，再拨动圆水准器的校正螺丝，使气泡返回偏离量的一半，然后转动脚螺旋使气泡居中。如此反复检校，直到圆水准器在任何位置时，气泡都在刻划圈内为止。最后旋紧固紧螺旋。如图 3.4-3。

（3）十字丝横丝垂直于仪器竖轴的检验与校正

此项检验的目的是检验十字丝横丝是否垂直于仪器竖轴。若横丝垂直于仪器竖轴，则当竖轴处于铅垂位置时，横丝是水平的。

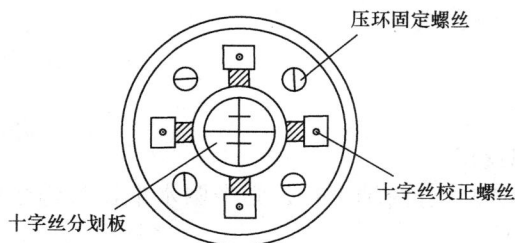

图 3.4-3 圆水准器轴平行于仪器竖轴的校正

①检验：以十字丝横丝一端瞄准约 20m 处一细小目标点 A，旋紧制动螺旋，

转动水平微动螺旋，若横丝始终不离开目标点，如图 3.4-4（b），说明水准仪满足十字丝横丝垂直于竖轴 VV 条件。反之，若 A 点偏离了横丝，如图 3.4-4（c），则需要校正。

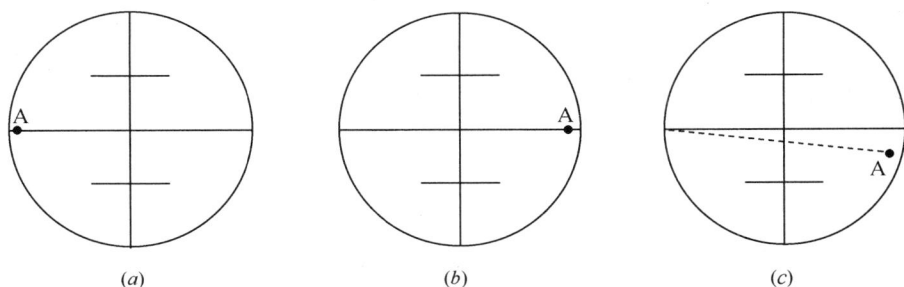

（a）   （b）   （c）

图 3.4-4　十字丝横丝垂直于仪器竖轴的检验

②校正：如图 3.4-5 所示，旋下十字丝分划板护罩，用小螺丝刀松开十字丝分划板的固定螺丝，微略转动十字丝分划板，使转动水平微动螺旋时横丝不离开目标点。如此反复检校，直至满足要求。最后将固定螺丝旋紧，并旋上护罩。

（4）水准管轴与视准轴平行关系的检验与校正

此项检验的目的是检验水准管轴 LL 是否平行于视准轴 CC。若平行，则当水准管气泡居中时，视准轴平行。LL//CC 关系不满足时所产生的误差称之 i 角误差，i 角即 LL、CC 两轴不平行时的夹角，可以利用等距离等影响的原则改正，即在观测时将水准仪安置在前后视距离相等处，可消除该项误差的影响。

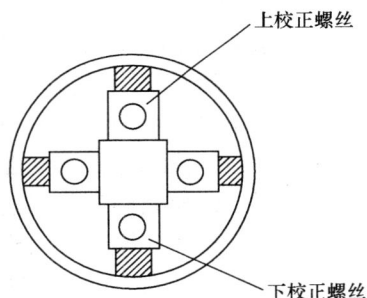

图 3.4-5　十字丝横丝垂直于
仪器竖轴的校正

1）检验

①如图 3.4-6（a），选择相对平坦、通视良好、相距 60～100m 的两点 A、B，在 A、B 两点安放尺垫或打下木桩以固定其点位。

②水准仪置于距 A、B 两点约等距离的 I 处，用变换仪器高度法测定 A、B 两点间的高差 h_{AB} 和 h'_{AB}，如两次高差之差小于 3mm，则取其平均值，即为正确高差 h_{AB}。

③再把水准仪置于约离 B 点 3～5m 的 II 位置，如图 3.4-6（b），读 B 尺读数 b_2，由于仪器离 B 尺足够近，可以认为 i 角误差对读数 b_2 没有影响，即 b_2 为正确读数。

④计算远尺上的正确读数值。A 尺理论读数 $a_2 = h_{AB} + b_2$。

⑤照准远尺，旋转微倾螺旋。再瞄准 A 尺，读出 A 尺读数 a'_2，$a'_2 = b_2 + h_{AB}$，如 $a'_2 \neq a_2$，说明视准轴不平行于水准管轴。此时测得 A、B 两点高差为 h'_{AB}，与正确高差 h_{AB} 相比误差为 $\Delta = h'_{AB} - h_{AB}$。

而仪器的 i 角误差为：

$$i'' = \frac{\Delta}{D_1} = \frac{(a'_2 - b_1) - (a_1 - b_1)}{D_1} \cdot \rho'' \tag{3.4-1}$$

式中，D_I 为 A、B 两点间的距离，如 $i'' < 0$，实际视线下倾，反之上倾。

2）校正

根据规范规定，当水准仪 i 角大于 20″时，需要校正。校正方法有两种：一是校正水

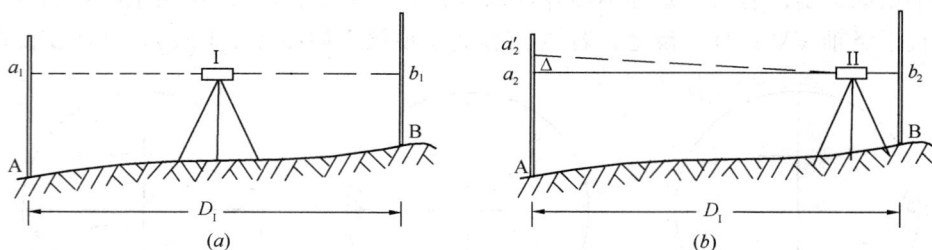

图 3.4-6 水准管轴与视准轴平行关系的检验

准管；另一是校正十字丝横丝。以下是校正水准管的方法。

①重新旋转水准仪微倾螺旋，使视准轴对准 A 尺读数 a_2，这时水准管符合气泡影像错开，即水准管气泡不居中。

②用校正针先松开水准管左右校正螺丝，再拨动上下两个校正螺丝［先松上（下）边的螺丝，再拧紧下（上）边的螺丝］，直到使符合气泡影像符合为止。此项工作要重复进行几次，直到使符合气泡影像符合为止。

4. 注意事项

（1）水准仪的检验和校正过程要认真细心，不能马虎。原始数据不得涂改。

（2）校正螺丝都比较精细，在拨动螺丝时要"慢、稳、均"。

（3）各项检验和校正的顺序不能颠倒，在检校过程中同时填写实训报告。

（4）各项检校都需要重复进行，直到符合要求为止。

（5）每项检校完毕都要拧紧各个校正螺丝，上好护盖，以防脱落。

（6）校正后，应再作一次检验，看其是否符合要求。

（7）本次实训要求学生在实训过程中及时填写实训报告，只进行检验。如若校正，应在指导教师直接指导下进行。

3.4.2 经纬仪的检验与校正

1. 目的和要求

（1）了解经纬仪的主要轴线间应满足的几何条件。

（2）掌握光学经纬仪检验的方法。

（3）了解光学经纬仪校正的方法。

2. 仪器与工具

DJ_6 光学经纬仪 1 台，50m 皮尺 1 把，小钢尺 1 把，觇板 2 块，记录板 1 块，测伞 1 把，拨针 1 根，小螺丝刀 1 把，铅笔、计算器，记录本自备。

3. 方法与步骤

经纬仪在使用之前要经过检验，必要时需要对其可调部件加以校正，使之满足要求。经纬仪的检验、校正项目很多，下面介绍几项主要轴线间几何关系的检校，即照准部水准管轴垂直于仪器的竖轴（LL⊥VV），横轴垂直于视准轴（HH⊥CC），横轴垂直于竖轴（HH⊥VV），以及十字丝竖丝垂直于横轴的校检。另外，由于经纬仪要观测竖角，竖盘指标差的检验和校正在这里也作一介绍。

（1）照准部水准管轴应垂直于仪器竖轴的检验和校正

①检验：先将仪器整平，转动照准部制动螺旋，使照准部水准管平行于一对脚螺旋，

调节脚螺旋使气泡居中。然后，将照准部旋转 180°，若气泡居中，说明水准管轴垂直于竖轴。如果偏离水准管中点超过一格，则需要校正。

②校正：如图 3.4-7 (*a*)，水准管轴水平，但竖轴倾斜，设其与铅垂线的夹角为 α。将照准部旋转 180°，如图 3.4-7 (*b*)，竖轴的位置不变，但气泡不再居中，水准管轴与水平面的夹角为 2α，假如气泡中心偏离水准管四格，这四格的水准管分化值，即等于水准管轴不垂直于竖轴偏角的两倍。校正时，先拨动水准管校正螺丝，使气泡退回偏离格数的一半（两格），如图 3.4-7 (*c*)，此时，竖轴已处于铅垂线位置，但水准管轴仍倾斜 α（即气泡偏离中心两格）。再用脚螺旋调节水准管气泡居中，如图 3.4-7 (*d*)，这时水准管轴水平，竖轴竖直。

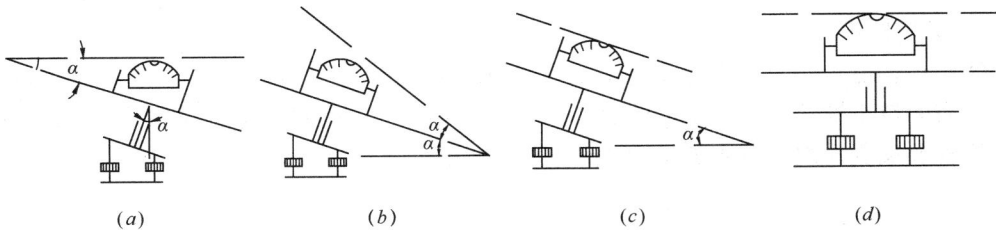

图 3.4-7　经纬仪校正步骤

此项检验与校正应反复进行几次，直到照准部转至任何位置，气泡偏离中点均不超过一格为止。

为了整平工作的方便，有的仪器上还装有圆水准器。圆水准器的轴应平行于仪器竖轴。检验是否满足条件时，先用管水准器将仪器整平，如圆水准器气泡偏离中点，用校正针拨动圆水准器下面的校正螺旋，使气泡居中。

（2）十字丝竖丝应垂直于仪器横轴的检验校正

①检验：用十字丝焦点精确照准远处一清晰目标点 P，旋紧水平制动螺旋与望远镜制动螺旋，慢慢转动望远镜微动螺旋，如果点 P 不离开竖丝，则满足条件，如图 3.4-8 (*a*)；否则需要校正，如图3.4-8 (*b*)。

②校正：旋下目镜分划板护盖，松开四个压环螺丝（图 3.4-9），慢慢转动十字丝分划板座，直到望远镜上下移动时，P

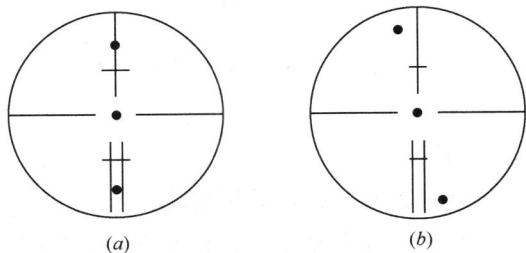

图 3.4-8　十字丝与横轴垂直检验
(*a*) 垂直；(*b*) 不垂直

点始终沿竖丝移动为止，最后拧紧压环螺丝，旋上护盖。有些经纬仪没有十字丝压环螺丝，而是利用十字丝校正螺丝把十字丝环与望远镜相连接，这时可旋松相邻两个十字丝校正螺丝，即可旋动十字丝环，直到 P 点始终沿竖丝移动为止。校正好以后，再拧紧松开的螺丝。

（3）视准轴应垂直于横轴的检验和校正

1）四分之一法

①检验：选择一平坦场地，A、B 两点相距 100m，安置经纬仪于中点 O，在 A 点立

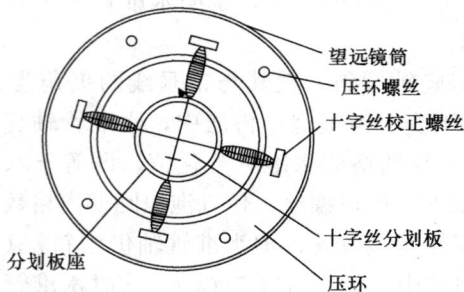

图 3.4-9　十字丝分划板

一标志，在 B 点立一标尺，使尺子与 OB 垂直。标志、尺子应大致与仪器同高。盘左瞄准 A 点，然后倒转望远镜，在 B 点尺上读数 B_1 ［图 3.4-10（a）］。盘右再瞄准 A 点，然后倒转望远镜，在 B 点尺上读数 B_2 ［图 3.4-10（b）］。若 B_1 与 B_2 重合，则满足条件。若不重合，由图可见，$\angle B_1 O B_2 = 4C$，由此算得

$$C'' = \frac{\overline{B_1 B_2}}{4D} \cdot \rho'' \qquad (3.4\text{-}2)$$

式中，D 为 O 点至尺子的水平距离。若 $C'' > 60''$，则必须校正。

②校正：在尺上定一点 B_3，使 $\overline{B_2 B_3} = \overline{B_1 B_2}/4$，$OB_3$ 便和横轴垂直。用拨针拨动十字丝左、右两校正螺丝，使十字丝的交点与点 B_3 重合，以达到视准轴垂直于横轴的目的，这项检验要反复几次，直到 $B_1 B_2$ 的长度小于 1cm。

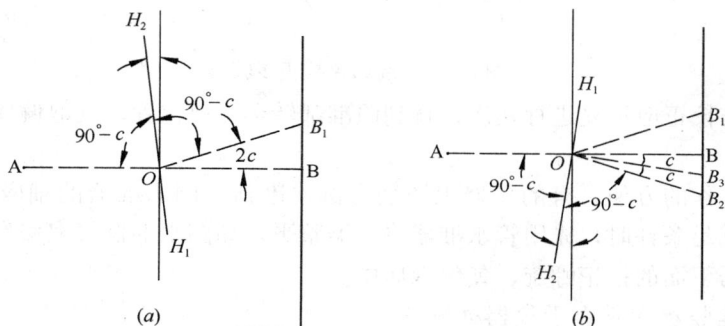

图 3.4-10　四分之一法检验视准轴横轴垂直

（a）盘左；（b）盘右

2）读数法

当场地较小时，可采用此法。

①检验：仪器整平后，以盘左位置瞄准大致和仪器同高处的远处一点 P，如图 3.4-11，松开照准部制动螺旋，将仪器绕竖轴严格旋转 180°，这时视线方向 OQ 就和 OP 在一条直线上。固定照准部制动螺旋，倒转望远镜，如果十字丝交点仍对着 P 点，说明视准轴垂直于水平轴。如果倒转望远镜时视线成了 OP′ 方向，说明视准轴不垂直于横轴，而偏离了一个小角度 C，C 称为视准轴误差，从图中可以看出盘左、盘右的误差 PP′ 所对的角度是 2C，即 2 倍视准轴误差。

②校正：利用照准部的微动螺旋，使十字丝的交点瞄准 PP′ 的中点 M，再利用十字丝环的左右两个校正螺

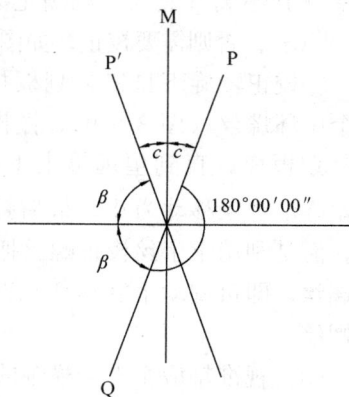

图 3.4-11　读数法检验视准轴横轴垂直

旋，先松一个，再拧紧一个，就可以移动十字丝交点，使它从 M 点移至 P 点，这样，视准轴就垂直于横轴了。这个过程要往复 2～3 次。

（4）横轴与竖轴垂直的检验和校正

①检验：在距离目标约 50m 处安置仪器，如图 3.4-12。盘左瞄准高处一点 P，然后将望远镜放平，由十字丝交点在墙上定出一点 P_1。盘右再瞄准 P 点，再放平望远镜，在墙上又定出一点 P_2（P_1、P_2 应在同一水平线上，且与横轴平行），则 i 角可依下式计算：

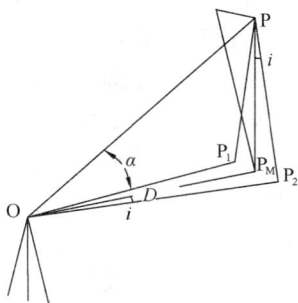

图 3.4-12　经纬仪横轴竖轴垂直检验

$$i'' = \frac{\overline{P_1P_2}}{2} \cdot \frac{\rho''}{D} \cot\alpha \qquad (3.4\text{-}3)$$

式中，α 为 P 点竖直角，D 为仪器至 P 点的水平距离。

式（3.4-3）可由图 3.4-12 得出，由图知

$$2(i) = \overline{P_1P_2}/D \qquad (3.4\text{-}4)$$
$$(i)'' = i'' \tan\alpha \qquad (3.4\text{-}5)$$
$$i'' = (i)'' \cot\alpha = \frac{\overline{P_1P_2}}{2} \cdot \frac{\rho''}{D} \cdot \cot\alpha \qquad (3.4\text{-}6)$$

对 J6 经纬仪，i 角不超过 $20''$ 可不校正。

②校正：由于光学经纬仪的横轴结构比较复杂，近代光学经纬仪在加工制造时，保证了横轴与竖轴的垂直关系，故使用时一般只需检验此项，如需校正，一般交由专业维修人员进行。

（5）竖直指标差的检验与校正

①检验：安装仪器，用盘左、盘右两个镜位观测同一目标点，分别使竖盘指标水准管气泡居中，读取竖盘读数 L 和 R，计算其指标差 x。如 x 超出 $\pm1'$ 的范围，则需改正。

②校正：经纬仪位置不动（此时为盘右，且照准目标点），不含指标差的盘右读数应为 $R-x$。转动竖直度盘指标水准管微动螺旋，使竖盘读数 $R-x$，这时指标水准管气泡必然不再居中，可用拨针拨动指标水准管校正螺旋使气泡居中。这项检验校正需反复进行。

（6）光学对中器的检验校正

常用的光学对中器有两种，一种是装在仪器的照准部上，另一种装在仪器的三角基座上。无论哪一种，都要求其视准轴与经纬仪的竖直轴重合。

1）装在照准部上的光学对中器

①检验：安置经纬仪于三脚架上，将仪器大致整平。在仪器下方地面上放一块画有"十"字的硬纸板。移动纸板，使对中器的刻划圈中心对准"十"字影像，然后转动照准部 180°。如刻划圈中心不对准"十"字中心，则需校正。

②校正：找出"十"字中心与刻划圈中心的中点 P。松开两支架间圆形护盖上的两颗螺钉，取下护盖，可见图 3.4-13。调节螺钉 2 可使刻划圈中心前后移动，调节螺钉 1 可使刻划圈中心左右移动。直至刻划圈中心与 P 点重合为止。

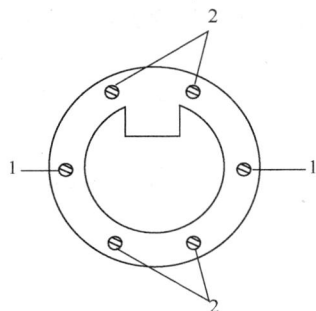

图 3.4-13　照准部光学对中器

2）三角基座上的光学对中器

①检验：先校水准器。沿基座的边缘，用铅笔把基座轮廓画在三角架顶部的平面上。然后在地面放一张毫米纸，从光学对中器视场里标出刻划圈中心在毫米纸上的位置。稍松连接螺旋，转动基座120°后固定。每次需把基座底板放在所画的轮廓线里并整平，分别标出刻划圈中心在毫米纸上的位置，若三点不重合，则找出示误三角形的中心以便改正。

②校正：用拨针或螺丝刀转动光学对中器的调整螺丝，使其刻划圈中心对准示误三角形中心点。

如图3.4-14，为T2经纬仪的光学对点器外观图。用拨针将光学对中器目镜后的三个校正螺丝（图中只见两个，另一个在镜筒下方）都略为松开，根据需要调整，使刻划圈中心与示误三角形中心一致。

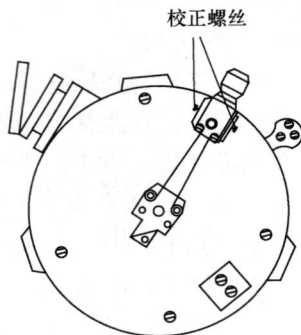

图 3.4-14　基座光学对中器

4．注意事项

（1）按实验步骤进行各项检验校正，顺序不能颠倒，检验数据必须准确无误才能进行校正，校正结束时，各校正螺丝应处于稍紧状态。

（2）选择仪器的安置位置时，应顾及视准轴和横轴两项检验，既能看到远处水平目标，又能看到墙上高处的目标。

（3）竖盘指标差检校时，应选择一大致水平目标，因竖盘偏心对水平视线不产生误差。

（4）计算竖直角和指标差时，应注意正负号。

（5）横轴垂直于竖轴的检验与校正中，因横轴是密封的，故应由专业维修人员进行。

3.5　实习成果的整理与提交

3.5.1　成果整理及实习报告编写

1．实习成果的整理

在实习过程中，所有外业观测数据必须记录在测量手簿上，如遇测错、记错或超限应按规定的方法改正；内业计算应在规定的表格上进行。实习结束时应对成果资料进行编号。

2．实习报告的编写

实习报告是对整个实习的总结，编写格式和内容如下：

（1）封面注明实习名称、地点、起止时间、班级、组别、编写人及指导教师姓名；

（2）前言说明实习的目的、任务及要求；

（3）实习内容：实习项目、测区概况、作业方法，技术要求，计算成果及示意图，本人完成的工作及成果质量；

（4）介绍实习体会，实习中遇到的问题及解决的方法，对本次实习的意义和建议。

3.5.2　需要上交的资料

实习结束应上交的有关资料与计算成果如下：

（1）实习小组应上交的资料

①仪器检验报告（经纬仪、水准仪各1份）；

②记录手簿（包括水平角观测、垂直角观测和距离测量、水准测量手簿）；

③符合整饬要求的地形铅笔原图 1 幅；

④地形图检测纪录 1 份；

⑤实习日记；

⑥纸质地形图 1 份，如图 3.5-1。

图 3.5-1　某区域地形图

（2）个人应上交的资料

①图根控制测量计算资料 1 份；

②实习报告 1 份。

3.5.3　实习考核及成绩评定方法

（1）实习成绩分为优、良、中、及格、不及格五等。

（2）实习成绩评定主要依据：

①实习期间的表现，主要包括：出勤率、实习态度、遵守纪律情况、爱护仪器工具情况。

②操作技能，主要包括：对理论知识的掌握程度、使用仪器的熟练程度、作业程序是否符合规范要求等。

③手簿、计算成果和成图质量，主要包括：手簿和各种计算表格是否完好无损，书写是否工整清晰，手簿有无擦拭、涂改，数据计算是否正确，各项限差、较差、闭合差是否在规定范围内。地形图上各类地物、地形要素的精度及表示是否符合要求，文字说明注记是否规范等。

④实习报告，主要包括：实习报告的编写格式和内容是否符合要求，编写水平，分析问题、解决问题的能力及有无独特见解等。

（3）在实习期间，学生如有下列情况，指导教师可视情节严重程度予以处理。

①实习中无论何种原因发生摔损仪器事故，其主要责任人的实习成绩降档次处理。

②实习中凡违反实习纪律、缺勤天数超过实习天数的三分之一、发生打架事故、私自离校回家、未交成果资料和实习报告、抄袭成果资料和实习报告等，实习成绩均为不及格。

（4）实习结束时，实习指导教师可采用口试、笔试或仪器操作考核等方式进行成绩评定。

附录10　SV300数字成图基本操作流程

1．外业必要的工作

（1）现场绘制草图

野外数据的采集，不仅要获取地面点的三维解析坐标（几何数据），还要作地物图形关系的记录（属性数据），如何协调好两者的关系是本方法的关键。

针对一般高校的测量实习条件，草图法是较佳选择。它是利用经纬仪按视距测量方法采集并记录观测数据或坐标，同时勾绘现场地物属性关系草图；回到室内，建立相应数据文件，并由计算机成图。

草图法是一种十分实用、快速的测图方法。但缺点是不直观，容易出错，当草图有错误时，可能还需要到实地查错，因此本书前面介绍的白纸地形图测图可以作为另类草图使用（相对于本教学实习目的）。

传统白纸测图或现代电子平板测图，图形在野外实时可见，便于发现错误，而草图法数据实时记录，图形不可见，所以必须检核，以防出错外业返工，可以采取下述方法。

①后视点，计算其坐标，与已知坐标核对是否相符，不相符，则说明测站后视数据有错误；或者测站后视点点位有错误。

②开始测量之前，找一固定目标（如楼角、远处电杆等），记下水平角值，分若干时间段重新瞄准该目标，核对水平角值是否与记录值相符，不相符，则说明前段数据方位有错误；记录下本时段号（内业处理通过"两点定向"可一次改正），重新定向，继续观测。

（2）草图绘制注意事项

①草图纸应有固定格式，不应该随便画在几张纸上。

②每张草图纸应包含日期、测站、后视零方向、测量员、绘图员信息；当遇到搬站时，尽量换张草图纸，不方便时，应记录本草图纸内哪些点隶属哪个测站，一定标示清楚。

③草图绘制，不要试图在一张纸上画足够多的内容，地物密集或复杂地物均可单独绘制一张草图，既清楚又简单。

④核对点号。领图员与观测员一定间隔时间（如每测20点），应互相核对点号，这样当发现点号不对应时，就可以有效地将错误控制在最近间隔时间内；以便及时更正，防止内业出错。

⑤草图配合实际测量数据，结合外业测量的速度，可以分批在计算机上处理，最后把建立的数据文件或图形进行合并及拼接即可。

2. 内业测点空间数据文件建立方法

（1）按极坐标采集的外业观测值转换为直角坐标数据

通常 SV-300 是按直角坐标格式即 X、Y、Z 导入到图形中的。而外业由视距测量观测得到数据，并按相应视距公式求得测站上各点坐标为极坐标形式，即 ρ（D，$\alpha_0 + \beta$），为了满足 SV-300 作图的需要，需再按下式把各测点转成直角坐标格式。

$$X = X_0 + D \cdot \cos(\alpha_0 + \beta)$$
$$Y = Y_0 + D \cdot \sin(\alpha_0 + \beta)$$

式中，X_0、Y_0 为测站点坐标，α_0 为测站点到对应瞄准的零方向线点的坐标方位角。

如果数据量大，也可以编程计算或在 EXCEL 建立上述公式直接转换。

（2）数据文件的建立

内业转换得到的直角坐标格式数据表格可按文本方式保存。

空间坐标数据文件可预先按 SV 坐标格式建立；这种坐标文件，可以用来进行展点、生成等高线等操作。

由于 SV300 系统中测量坐标与屏幕坐标是对应的，但 AuotoCAD 的坐标系（数学坐标系）与测量坐标系的 X、Y 轴正好相反，所以输入点的空间测量坐标值时，要先 Y 后 X。

则数据文件结构如下：

序号　　点号　　标识符　　Y　　X　　H

或　　序号，点号，标识符，Y，X，H

其中序号可以自动生成，点号可按本组习惯的方式编，如按测站索引方式等，标识符对 SV 后缀文件可取常数，例：

```
1    a1    0    302143.67  4305423.22   15.43
2    b12   0    302268.92  4305476.10   22.79
```

......

（3）客户机进入 SV300 界面

首先要使客户机在服务器上注册，确认服务器程序启动；双击桌面图标 ▓ 即 "SV300 客户端"，启动 SV300，经过 30s 到 1min 的启动，出现提示界面，如附图 10-1 所示，便成功登录 SV300。

附图 10-1　提示界面截图

随后进入 SV300 界面，如是首次新建的文件，一定要启动模板 Acad.dwt（Use a Template），如附图 10-2。

（4）设定绘图比例

建立文件后，首先要确定当前工作比例尺，保证下面工作的正确进行。

输出成果：在图形内部进行变量设置，对用户无明显表现形式。

本次实习所有图都应设定 1∶500。

注意：系统安装完毕，缺省比例尺 1∶1000；若设定某比例尺，如 500，并保存为图形文件，则下次设定比例尺，缺省值变为 500，所以每当新作一张图时，请确认比例尺设置正确，以免引起错误，比例设大了，还可以利用"比例转换"调整过来，若设小了，则无法调整了。

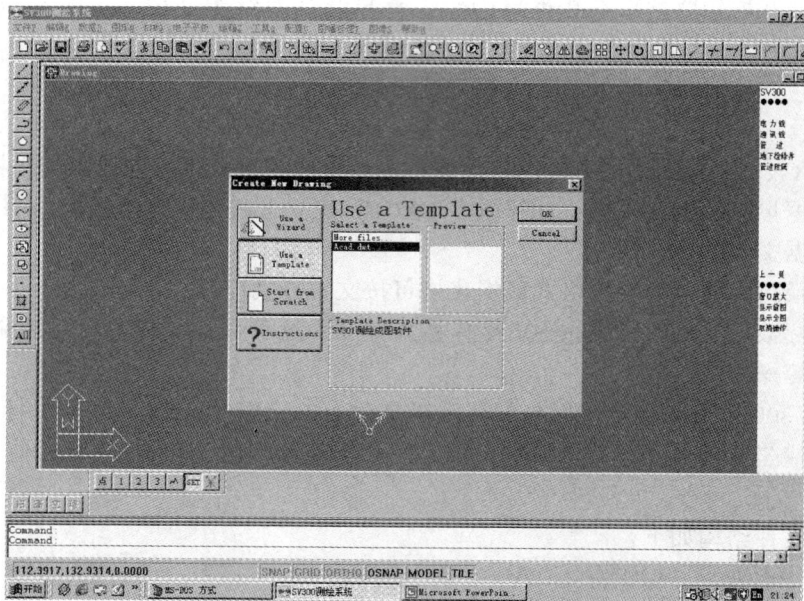

附图 10-2　启动模板界面截图

（5）展绘测点

利用"数据下载"得到 SV 坐标文件，便可在图形上展出点位、点名、代码、高程等，以便连线成图时作为参考。即将前面建立的数据坐标文件*.sv，以点位形式展绘于屏幕，并存储为多层要素（point、pointname、pointcode）的图形文件，以此用来辅助编辑图形。一般在最后出图时可将相关层（point、pointname、pointcode）删除或冻结。

展点工作有两种方法，一种直接点取下拉菜单功能进行；一种在空间点位数据窗口进行。两者实质相同，均进入数据库。

点位坐标数据均进入空间点位数据库，还为了便于点名定位；如果清空数据库后，点名定位则失效。

128

不同工作日或测站的数据，可能会出现点名重复现象，可以加前缀以示区别。

下面就具体的几个要点说明如下：

①点取"地形"下"展点"，先弹出空间点位数据窗口，然后弹出标题栏为"打开点位数据文件"的对话框。

②要求输入 SV 坐标文件。

③输入对应文件后，则系统自动将点名、点位、代码展绘在相应图层中，并显示出空间点位数据窗口；默认显示出点名和点位，根据作图需要，可以使用下拉菜单"地形"下"显示"命令，显示所展绘点的点名、点位或代码，也可以使用下拉菜单"地形"下"隐藏"命令隐藏暂不需要的内容。

④若屏幕内无图形显示时，可点取右侧屏幕菜单"显示全图"，以便全图在屏幕内显示。

（6）连线成图

依据领图员勾绘的草图，利用屏幕定位、坐标定位、点名定位三种方式及 CAD 的捕捉功能直接连线成图。

输出成果：图形文件（包含各种地物图形信息）。

参考功能：主要"符号库"功能；相关编辑工具。

（7）等高线处理

等高线是地形图的重要组成部分，SV300 可依据外业原始数据文件自动勾绘等高线，并利用断开工具自动或手动进行地物断开。

等高线生成的流程图如附图 10-3 所示。

具体如下：

1）外业采集的方法

对于 DTM（数字地面模型）生成所需数据——外业采集高程离散点，即三维坐标数据；SV300 系统并无特殊要求，只要足够的特征点即可。

但对于要求绘出的斜坡或者陡坎，则需要记录下坡坎的连接关系，即哪一个点和哪些点有联系，坡顶、坡底、比高要记录清楚，否则很难绘制出符合要求的地形图。

对于某一类离散点，由于若干原因不参加构网的（例如房屋的角点，加高降低的地物点位等），尽可能在外业时设置该类型点的代码，以便在构网时将此类型点屏蔽掉。

2）DTM 数据文件的建立

绘制等高线所用的原始数据文件是 *.dat 为后缀的，也属文本文件，称高程离散点文件，又称 SV 坐标文件，可以用记事本程序将其打开进行编辑。在"数据检查"、"展高程点"、"提取封闭区高程点"等操作时系统所指的均是这种文件。该文件的排列格式与"展点"、"数据合并与分割"、"数据导出—SV 坐标文件"除了"标识符"意义不同外，基本一致，数据格式如下所示：

序号、点号、标识符、Y、X、H

标识符在这里有特定意义，即哪些点参加 DTM 建模，或作为勾绘等高线的点，可以事先设定某些代码为参加 DTM 建模的点，如 1、T、S1 等，而没有指定的标识符则为非 DTM 建模点。例如：

1 　 a1 　 1 　 302143.67 　 4305423.22 　 15.43

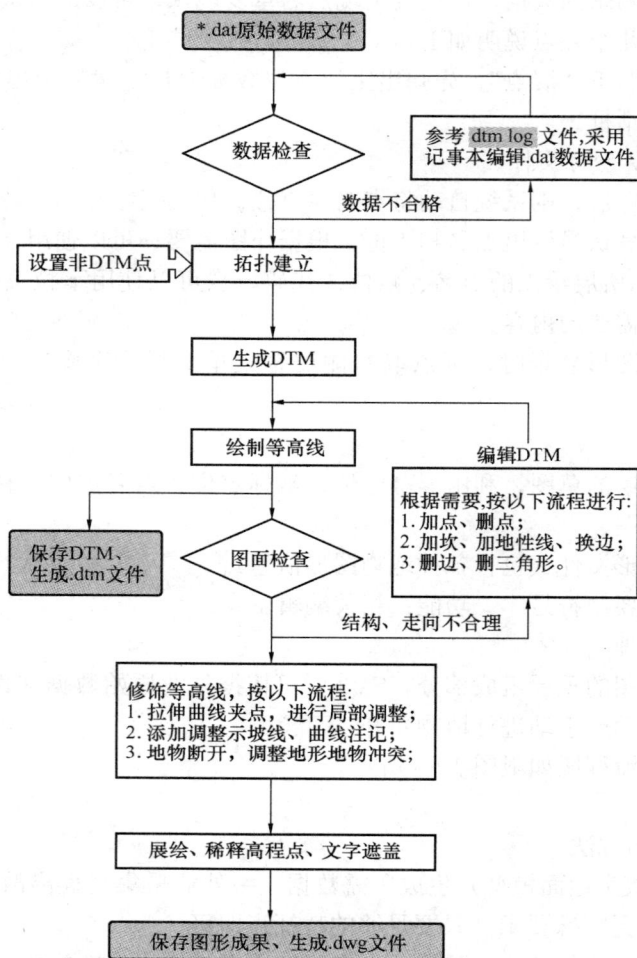

附图 10-3　等高线生成图

1　　b12　　0　　302132.71　4305325.68　　22.62

……

本次实习设定标识符 1 为参加 DTM 建模的点。

3）DTM 生成的基本流程

①数据检查

SV 坐标文件的数据检查是指计算机自动对原始坐标数据文件的格式，例如是否有重名点，是否有重坐标点等进行核查，以便保证该模块的正确运行。对于手工输入或进行过较大修改的坐标数据文件，此项功能尤为重要。

②拓扑建立

建立拓扑关系，是指建立若干离散碎部点之间的拓扑关系。建立拓扑关系后，才可以对 DTM 网进行联动修改，即当修改（加点、删点等）DTM 网时，系统会对 DTM 网进行重新计算组网。另外在进行建立拓扑关系前应设置"非 DTM 点"，此处设置代码后，具有该代码的点则不参加拓扑关系建立。

③生成 DTM

生成 DTM 的实质是将 SV 坐标文件中高程离散点按三角网法连成三维三角形网络，如附图 10-4，在 DTM 网上便可以进行高程插值计算，以便追踪等高线，土方量计算，提取断面等操作。

④初绘等高线

由 DTM 网上进行高程插值计算，按一定算法追踪等高线，一般的，此时等高线不拟和，主要目的是了解地形走向，找出由于原始数据的不合理所产生的诸多问题。

附图 10-4　DTM 网示意图

⑤编辑 DTM

DTM 的三角网建立后，然后根据实际地形，还应结合地物（尤其坡坎），对三角网进行修改，以便等高线正确生成。另外，为了使建立的 DTM 与实际地形更接近，在完成如下工作后，要重新生成 DTM。

A. 加坎：将无高程信息的坎人工加入高程信息，并参加 DTM 建立。

输入第一点：捕捉点取 DTM 网上某点

输入该点的坎高：输入 5，回车（按实际输入坎高）

输入下一点：鼠标点取 DTM 网上某点

坎高<5.0>：输入 5.4，回车（按实际输入坎高）

输入下一点：鼠标点取 DTM 网上某点

坎高<5.0>：输入 5.5，回车（按实际输入坎高）

……

依次点取坎上各点，命令结束，黄线范围即为坎的有效区，绘等高线时，坎的中间会自动断开。

B. 换边：将相邻三角形的公共边删除，连接另两个对角点。

选择要交换的边：选择需要转换的公共边。

Select objects：1 found 表明选中一个实体。

Select objects：回车。

说明：对于 DTM 网的边界，SV300 系统不予确认。

C. 删地性线：删除利用"加地性线"功能加入的地性线。

选择要删除的地性线：选择需要删除的地性线（黄线）。

Select objects：1 found 表明选中一个实体。

Select objects：回车。

D. 删三角形：对于删除的三角形，等值线在绘制时，不进入该三角形。

输入三角形内部一点：鼠标点取需要删除三角形内部任意点。

输入三角形内部一点：鼠标点取需要删除三角形内部任意点。

……

说明：建议关掉捕捉。

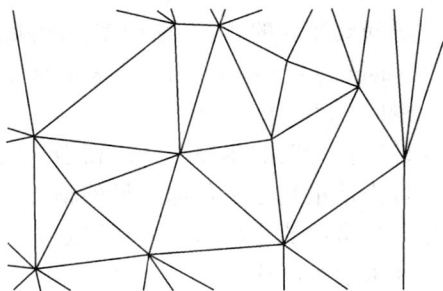

E. 删边：对于删除了边的三角形，等值线在绘制时，不进入该三角形。

选择要删除的边： 选择需要删除的边。

Select objects：1 found 表明选中一个实体。

Select objects： 回车。

说明：一般的删掉一条边相当于删掉该边相邻的两个三角形，因此删边操作实际上可以理解为批量删除三角形。另外删边操作允许同时选择若干条边，可以利用 Fance 选择及删除一条带状的三角形，或利用 Crossing 删除某一区域的三角形。

⑥重绘等高线

利用"图层删除"功能删除初绘等高线，在修改过的 DTM 网上重新绘制等高线，视情况选择合理的拟合方法和拟合曲线。

重复④、⑤、⑥步，直至等高线符合实际地形。

⑦图形整饰

拉伸局部不合理的等高线；处理等高线与地物相交问题；示坡线及计曲线标注。展绘、稀释高程点、文字遮盖。

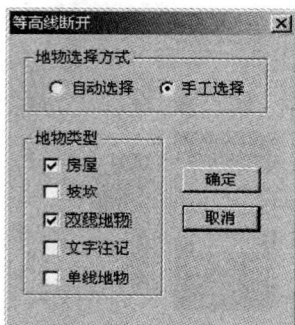

附图 10-5 "地物断开"截图

4）地物断开

SV300 为解决等高线同地物间的冲突问题，考虑到图形的应用以及实用性的问题，采用了断开技术，即等高线遇地物则自动断开。

具体操作是，单击"DTM"菜单中的"地物断开"选项，将弹出如附图 10-5 所示的对话框。

说明：一般对于房屋、文字注记类，采用自动选择比较好，而对于坡坎、双线地物则手工选择较好。对于单线地物则只能采用手工选择方式，且每次应选择相互对应的两根曲线，比如路的两侧、河流的两侧等。另外由于单线地物的绘制方式差异比较大，因此结合 Auto CAD 的 Break、Trim 命令效果将更好一些。

5）展离散高程点

处理好等高线及其与地物件的关系后，接下来我们要处理离散高程点。首先执行展点操作：

单击"图形"菜单中的"展高程"选项，输入相应的原始数据文件后，系统将执行展高程点操作（若点位较多，需稍等片刻）。

注意：展绘的高程点等某些特性是可以进行配置的，比如数字注记的小数位数、注记字高等。我们可以在展点前执行菜单"配置——高程注记"命令，在对话框中设置好相应参数即可。

（8）整饰图形

工作内容：对已有图形进行细节上的编辑修改，例如文字遮盖，文字注记位置的调整等。

输出成果：图形文件（包含地形、地物各种规范的图形信息）。

参考功能：相关编辑工具。

（9）图形分幅

工作内容：对于单张图幅的文件，直接手动加图廓即可；对于区域较大的图形文件，首先对已有自然地块的图形文件进行拼接，然后进行自动分幅（包括自动裁图、加图廓）。

主要分幅功能："图幅网格、删除网格、自动图廓、手动图廓"，而本次实习采用手动图廓（大比例）。即在当前使用的文件中或点取"文件"中"打开"项打开文件，步骤是：

①点取"配置"中"SV300 环境"；

②点取"图幅管理"中的"手动图廓"；

③弹出一界面，依次输入各项内容；

④点取"确认"。

根据左下角屏幕坐标输入提示，直接输入坐标，（应先输 Y，再输 X）；若事先此点已展绘于屏幕之上，则直接捕捉本点也可以。几点注意事项：

①输入所需图廓尺寸，x、y 方向均取 500mm。

②要选择绘十字丝，使添加的图廓内是加注十字丝。

③西南角坐标应是整数，最好是本测区的西南角边界坐标。

④输入左图章，即图框左下角注记内容，包括××城建坐标、85 黄海高程、96 版图示。

⑤输入右图章，即图框右下角注记内容，包括测量员、绘图员、检查员。

⑥输入测图单位，写××大学××学院××级××班××组。

⑦要以测区中心主要建筑为名输入图名，如"××地形图"。

（10）输出管理

工作内容：将所需的图形文件利用绘图机或打印机输出；

输出成果：薄膜图或纸图。

参考功能："打印"功能。

附录 11　CASS2008 数字成图基本操作流程

本部分将重点介绍如何应用 CASS 2008 软件进行数字化成图。CASS 2008 是南方测绘仪器公司开发的一套地形绘图软件，相对于以前各版本，其在平台、基本绘图功能上作了进一步升级。下面就以软件自带的一个简单例子（附图 11-1）来演示成图过程（假设

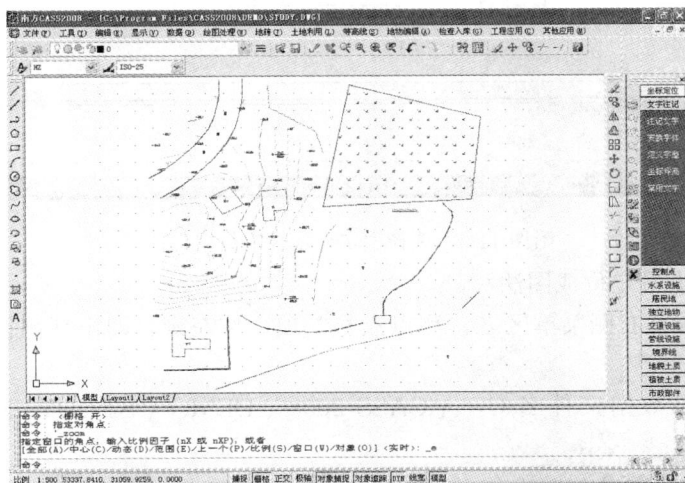

附图 11-1　例图 study. dwg

安装在 C 盘，其所在路径为`C：\ cass 2008 \ demo \ study. dwg`）。用 CASS 2008 成图的作业模式有许多种，这里主要使用的是"点号定位"方式，其他模式可参考 CASS 软件用户手册。

1. 定显示区

定显示区就是通过坐标数据文件中的最大、最小坐标定出屏幕窗口的显示范围。

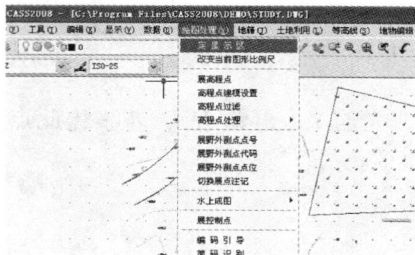

附图 11-2 "定显示区"菜单

进入 CASS 2008 主界面，鼠标单击"绘图处理"项，即出现如附图 11-2 下拉菜单。移至"定显示区"项，使之高亮显示，按左键，即出现一个对话窗如附图 11-3 所示。这时，需要输入坐标数据文件名。可参考 WINDOWS 选择打开文件的方法操作，也可直接通过键盘输入，在"文件名（N）："（即光标闪烁处）输入 C：\ CASS 2008 \ DEMO \ STUDY. DAT，再移动鼠标至"打开（O）"处，按左键。这时，命令区显示：

最小坐标（米）：X＝31056.221，Y＝53097.691

最大坐标（米）：X＝31237.455，Y＝53286.090

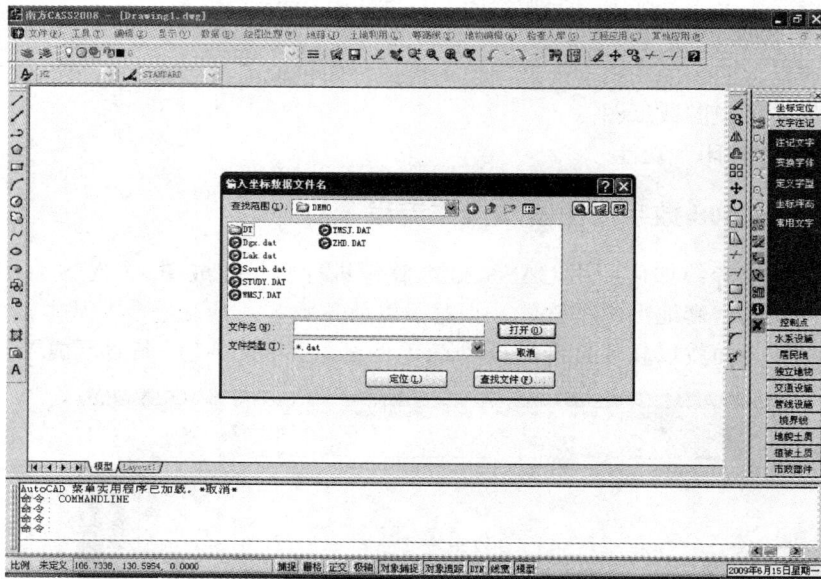

附图 11-3 选择"定显示区"数据文件

2. 选择测点点号定位成图法

移动鼠标至屏幕右侧菜单区之"测点点号"项，按左键，即出现附图 11-4 所示的对话框。

输入点号坐标数据文件名 C：\ CASS 2008 \ DEMO \ STUDY. DAT 后，命令区提示：

读点完成！ 共读入 106 个点

3. 展点

先移动鼠标至屏幕的顶部菜单"绘图处理"项按左键，这时系统弹出一个下拉菜单。再移动鼠标选择"展野外测点点号"项，如附图 11-5 所示。

附图 11-4　选择"点号定位"数据文件

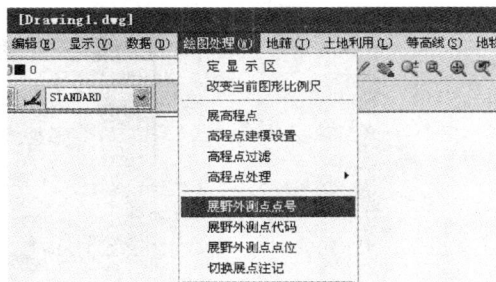

附图 11-5　选择"展野外测点点号"

按左键并回车，输入对应的坐标数据文件名 C：\ CASS 2008 \ DEMO \ STUD-Y.DAT 后，便可在屏幕上展出野外测点的点号，如附图 11-6 所示。

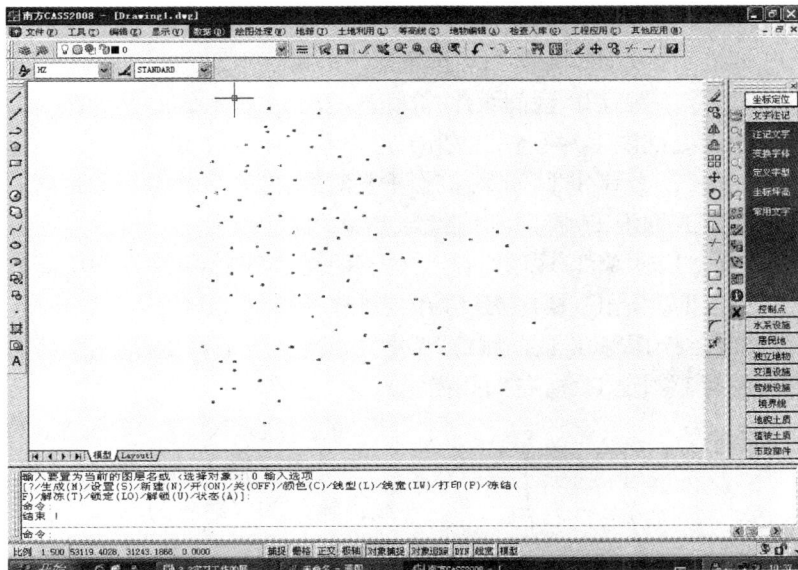

附图 11-6　STUDY.DAT 展点图

4. 绘平面图

下面可以灵活使用工具栏中的缩放工具进行局部放大以方便编图。先把左上角放大，选择右侧屏幕菜单的"交通设施/城际公路"按钮，弹出如附图 11-7 的界面。

找到"平行高速公路"并选中，再点击"OK"，命令区提示：

第一点：＜跟踪 T/区间跟踪 N＞　鼠标点取 92。

曲线 Q/边长交会 B/跟踪 T/区间跟踪 N/垂直距离 Z/平行线 X/两边距离 L/圆 Y/＜指定点＞　鼠标点取 45。

曲线 Q/边长交会 B/跟踪 T/区间跟踪 N/垂直距离 Z/平行线 X/两边距离 L/隔一点 J/微

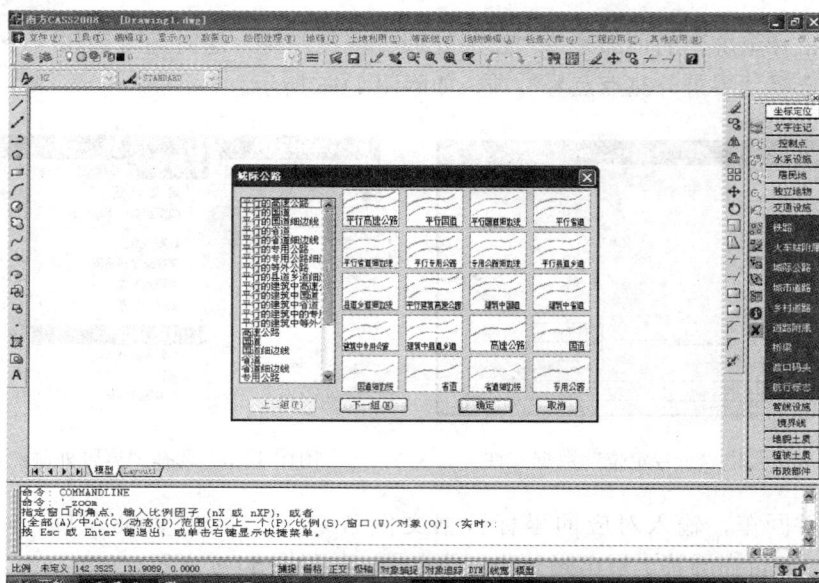

附图 11-7　选择屏幕菜单"交通设施/城际公路"

导线 A/延伸 E/插点 I/回退 U/换向 H<指定点>　鼠标点取 46。

　　曲线 Q/边长交会 B/跟踪 T/区间跟踪 N/垂直距离 Z/平行线 X/两边距离 L/隔一点 J/微

导线 A/延伸 E/插点 I/回退 U/换向 H<指定点>　鼠标点取 13。

　　曲线 Q/边长交会 B/跟踪 T/区间跟踪 N/垂直距离 Z/平行线 X/两边距离 L/隔一点 J/微

导线 A/延伸 E/插点 I/回退 U/换向 H<指定点>　鼠标点取 47。

　　曲线 Q/边长交会 B/跟踪 T/区间跟踪 N/垂直距离 Z/平行线 X/两边距离 L/隔一点 J/微

导线 A/延伸 E/插点 I/回退 U/换向 H<指定点>　鼠标点取 48。

　　曲线 Q/边长交会 B/跟踪 T/区间跟踪 N/垂直距离 Z/平行线 X/两边距离 L/隔一点 J/微

导线 A/延伸 E/插点 I/回退 U/换向 H<指定点>　回车

拟合线<N>？　输入 Y，回车。

说明：输入 Y，将该边拟合成光滑曲线；输入 N（缺省为 N），则不拟合该线。

1. 边点式/2. 边宽式<1>：回车（默认 1）

说明：选 1（缺省为 1），将要求输入公路对边上的一个测点；选 2，要求输入公路宽度。

对面一点鼠标点取 19，回车。

这时平行等外公路就作好了，如附图 11-8。

下面作一个多点房屋。选择右侧屏幕菜单的"居民地/一般房屋"选项，弹出如附图 11-9 界面。

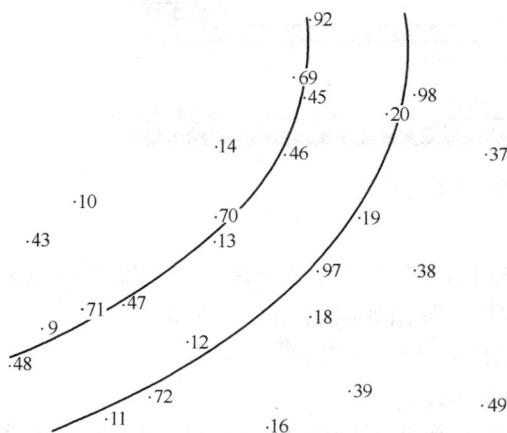

附图 11-8　作好的一条平行等外公路

先用鼠标左键选择"多点混凝土房屋"，再点击"OK"按钮。命令区提示：

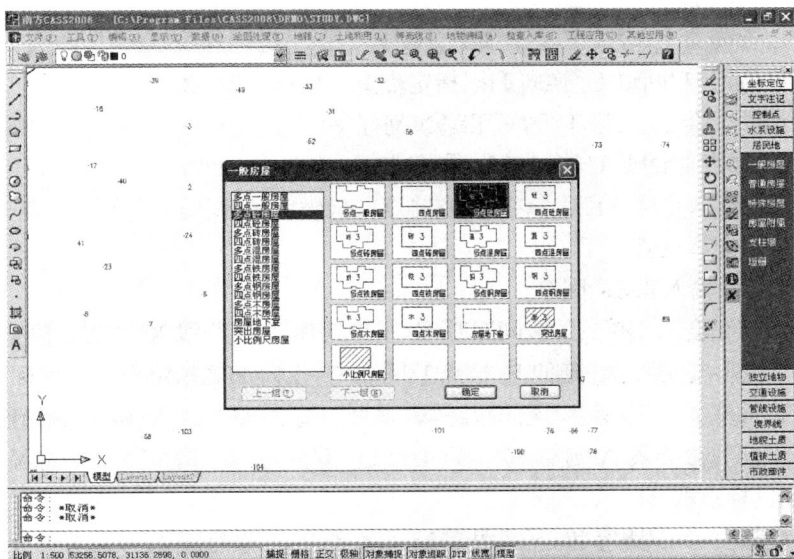

附图 11-9　选择屏幕菜单"居民地/一般房屋"

第一点：<跟踪 T/区间跟踪 N>　鼠标点取 49。

曲线 Q/边长交会 B/跟踪 T/区间跟踪 N/垂直距离 Z/平行线 X/两边距离 L/圆 Y/<指定点>　鼠标点取 50。

曲线 Q/边长交会 B/跟踪 T/区间跟踪 N/垂直距离 Z/平行线 X/两边距离 L/隔一点 J/微导线 A/延伸 E/插点 I/回退 U/换向 H<指定点>　鼠标点取 51。

曲线 Q/边长交会 B/跟踪 T/区间跟踪 N/垂直距离 Z/平行线 X/两边距离 L/闭合 C/隔一闭合 G/隔一点 J/微导线 A/延伸 E/插点 I/回退 U/换向 H<指定点>　输入 J，回车。

曲线 Q/边长交会 B/跟踪 T/区间跟踪 N/垂直距离 Z/平行线 X/两边距离 L/闭合 C/隔一闭合 G/隔一点 J/微导线 A/延伸 E/插点 I/回退 U/换向 H<指定点>　鼠标点取 52。

曲线 Q/边长交会 B/跟踪 T/区间跟踪 N/垂直距离 Z/平行线 X/两边距离 L/闭合 C/隔一闭合 G/隔一点 J/微导线 A/延伸 E/插点 I/回退 U/换向 H<指定点>　鼠标点取 53。

曲线 Q/边长交会 B/跟踪 T/区间跟踪 N/垂直距离 Z/平行线 X/两边距离 L/闭合 C/隔一闭合 G/隔一点 J/微导线 A/延伸 E/插点 I/回退 U/换向 H<指定点>　输入 C，回车。

输入层数：<1>回车（默认输 1 层）。

说明：选择多点混凝土房屋后自动读取地物编码，用户不需逐个记忆。从第三点起弹出许多选项（具体操作见用户手册关于屏幕菜单的介绍），这里以"隔一点"功能为例，输入 J，输入一点后系统自动算出一点，使该点与前一点及输入点的连线构成直角。输入 C 时，表示闭合。

再作一个多点混凝土房屋，熟悉一下操作过程。命令区提示：

命令：dd

输入地物编码：<141111>　141111

第一点：<跟踪 T/区间跟踪 N>　鼠标点取 60。

曲线 Q/边长交会 B/跟踪 T/区间跟踪 N/垂直距离 Z/平行线 X/两边距离 L/圆 Y/＜指定点＞　鼠标点取 61。

曲线 Q/边长交会 B/跟踪 T/区间跟踪 N/垂直距离 Z/平行线 X/两边距离 L/隔一点 J/微导线 A/延伸 E/插点 I/回退 U/换向 H＜指定点＞　鼠标点取 62。

曲线 Q/边长交会 B/跟踪 T/区间跟踪 N/垂直距离 Z/平行线 X/两边距离 L/隔一点 J/微导线 A/延伸 E/插点 I/回退 U/换向 H＜指定点＞　输入 a，回车。

微导线-键盘输入角度（K）/＜指定方向点（只确定平行和垂直方向）＞　用鼠标左键在 62 点上侧一定距离处点一下。

距离＜m＞：输入 4.5，回车。

曲线 Q/边长交会 B/跟踪 T/区间跟踪 N/垂直距离 Z/平行线 X/两边距离 L/闭合 C/隔一闭合 G/隔一点 J/微导线 A/延伸 E/插点 I/回退 U/换向 H＜指定点＞　鼠标点取 63。

曲线 Q/边长交会 B/跟踪 T/区间跟踪 N/垂直距离 Z/平行线 X/两边距离 L/闭合 C/隔一闭合 G/隔一点 J/微导线 A/延伸 E/插点 I/回退 U/换向 H＜指定点＞　输入 j，回车。

指定点　鼠标点取 64。

曲线 Q/边长交会 B/跟踪 T/区间跟踪 N/垂直距离 Z/平行线 X/两边距离 L/闭合 C/隔一闭合 G/隔一点 J/微导线 A/延伸 E/插点 I/回退 U/换向 H＜指定点＞　鼠标点取 65。

曲线 Q/边长交会 B/跟踪 T/区间跟踪 N/垂直距离 Z/平行线 X/两边距离 L/闭合 C/隔一闭合 G/隔一点 J/微导线 A/延伸 E/插点 I/回退 U/换向 H＜指定点＞　输入 c，回车。

输入层数：＜1＞　输入 2，回车。

说明："微导线"功能由用户输入当前点至下一点的左角（°）和距离（m），输入后软件将计算出该点并连线。要求输入角度时若输入 K，则可直接输入左向转角，若直接用鼠标点击，只可确定垂直和平行方向。此功能特别适合知道角度和距离但看不到点的位置的情况，如房角点被树或路灯等障碍物遮挡时。

两栋房子和平行等外公路"建"好后，效果如附图 11-10。

类似以上操作，分别利用右侧屏幕菜单绘制其他地物。

在"居民地"菜单中，用 3、39、16 三点完成利用三点绘制 2 层砖结构的四点房；用 68、67、66 绘制不拟合的依比例围墙；用 76、77、78 绘制四点棚房。

在"交通设施"菜单中，用 86、87、88、89、90、91 绘制拟合的小路；用 103、104、105、106 绘制拟合的不按比例乡村路。

在"地貌土质"菜单中，用 54、55、56、57 绘制拟合的坎高为 1m 的陡坎；用 93、94、95、96 绘制制不拟合的坎高为 1m 的加固陡坎。

在"独立地物"菜单中，用 69、70、71、72、97、98 分别绘制路灯；用 73、74 绘制宣传橱窗；用 59 绘制不按比例肥气池。

在"水系设施"菜单中，用 79 绘制水井。

在"管线设施"菜单中，用 75、83、84、85 绘制地面上输电线。

在"植被园林"菜单中，用 99、100、101、102 分别绘制果树独立树；用 58、80、81、82 绘制菜地（第 82 号点之后仍要求输入点号时直接回车），要求边界不拟合，并且保留边界。

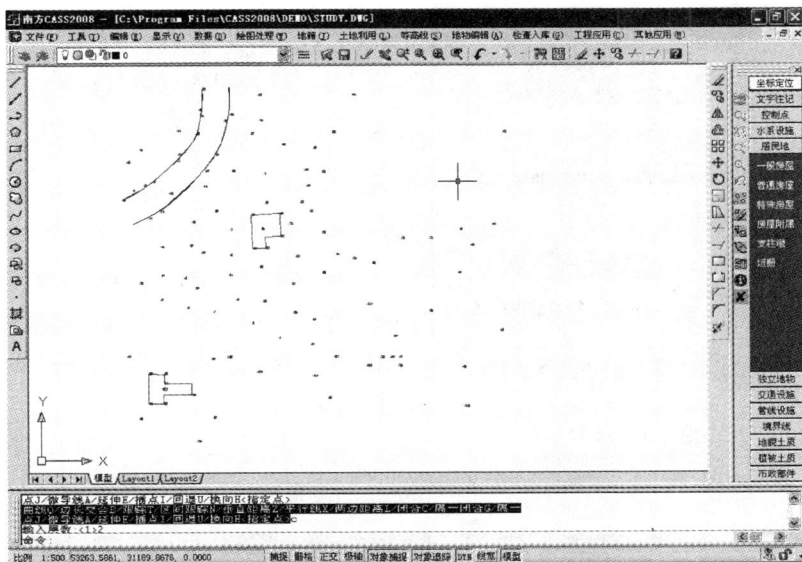

附图 11-10 "建"好两栋房子和平行等外公路

在"控制点"菜单中，用 1、2、4 分别生成埋石图根点，在提问点名. 等级:时分别输入 D121、D123、D135。

最后选取"编辑"菜单下的"删除"二级菜单下的"删除实体所在图层"，鼠标符号变成了一个小方框，用左键点取任何一个点号的数字注记，所展点的注记将被删除。

平面图作好后效果如附图 11-11。

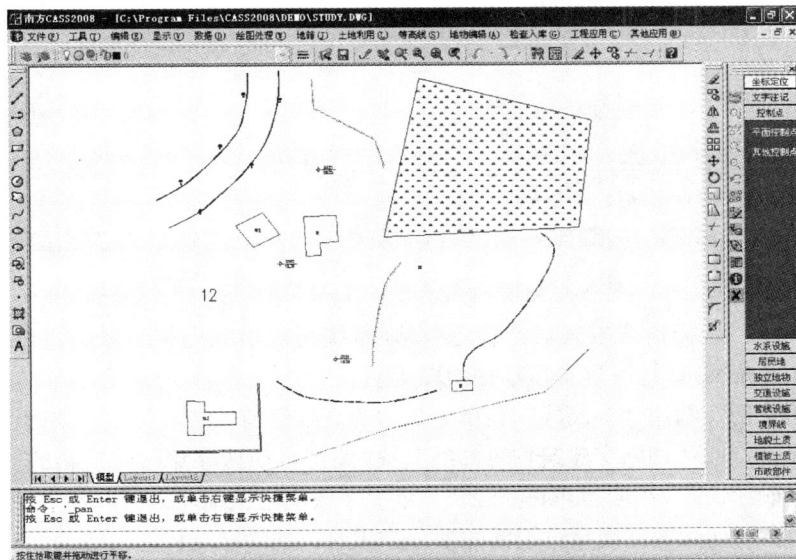

附图 11-11 STUDY 的平面图

5. 绘等高线

展高程点：用鼠标左键点取"绘图处理"菜单下的"展高程点"，将会弹出数据文件的

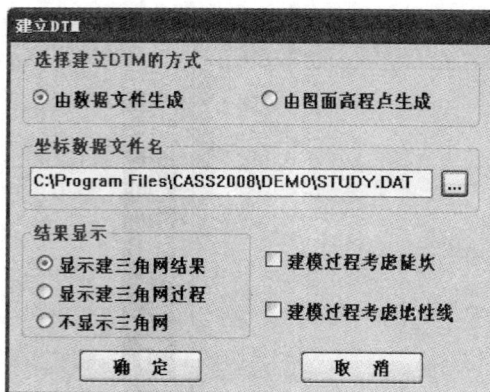

附图 11-12　建立 DTM 对话框

制等高线"，弹出如附图 11-14 所示对话框。

对话框，找到 C：\ CASS 2008 \ DEMO \ STUDY. DAT，选择"确定"，命令区提示：注记高程点的距离（米）：直接回车，表示不对高程点注记进行取舍，全部展出来。

建立 DTM 模型：用鼠标左键点取"等高线"菜单下"建立 DTM"，弹出如附图 11-12 所示对话框。

根据需要选择建立 DTM 的方式和坐标数据文件名，然后选择建模过程是否考虑陡坎和地性线，选择"确定"，生成如附图 11-13 所示 DTM 模型。

绘等高线：用鼠标左键点取"等高线/绘

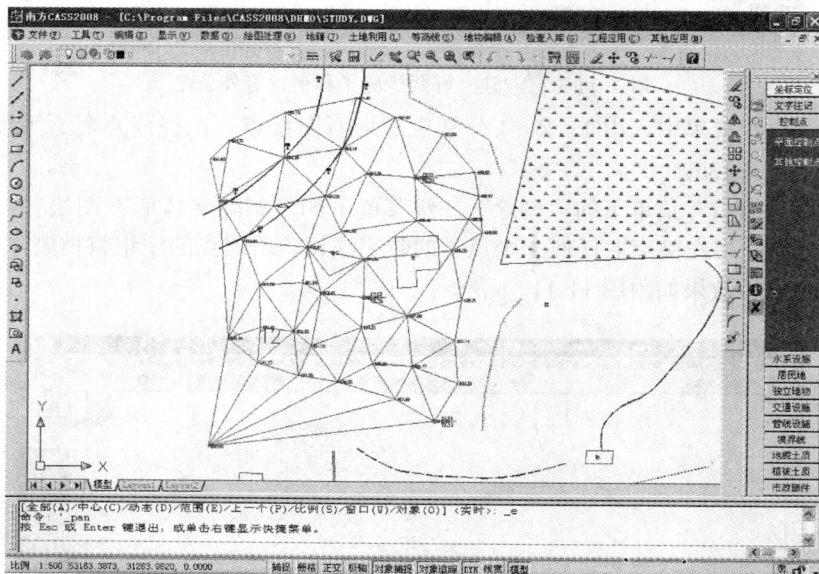

附图 11-13　建立 DTM 模型

输入等高距，选择拟合方式后"确定"，则系统马上绘制出等高线。再选择"等高线"菜单下的"删三角网"，这时屏幕显示如附图 11-15。

等高线的修剪：利用"等高线"菜单下的"等高线修剪"二级菜单，如附图 11-16。

用鼠标左键点取"切除穿建筑物等高线"，软件将自动搜寻穿过建筑物的等高线并将其进行整饰。点取"切除指定二线间等高线"，依提示依次用鼠标左键选取左上角的道路两边，CASS 2008 将自动切除等高线穿过道路的部分。点取"切除穿高程注记等高线"，CASS 2008 将自动搜寻，把等高线穿过注记的部分切除。

6. 加注记

下面我们演示在平行等外公路上加"经纬路"三个字。

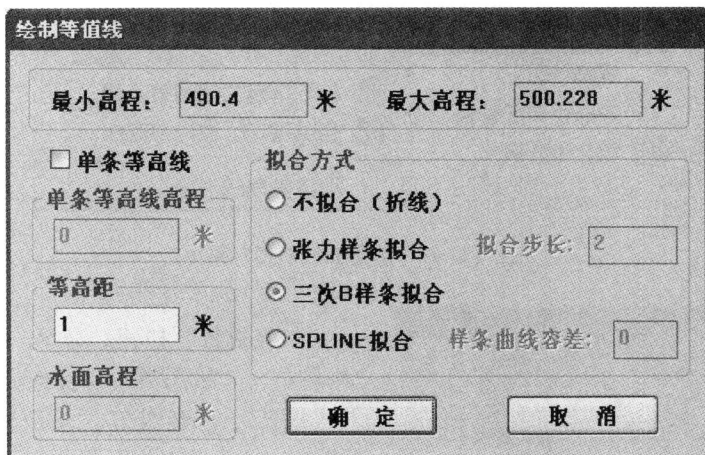

附图 11-14　绘制等高线对话框

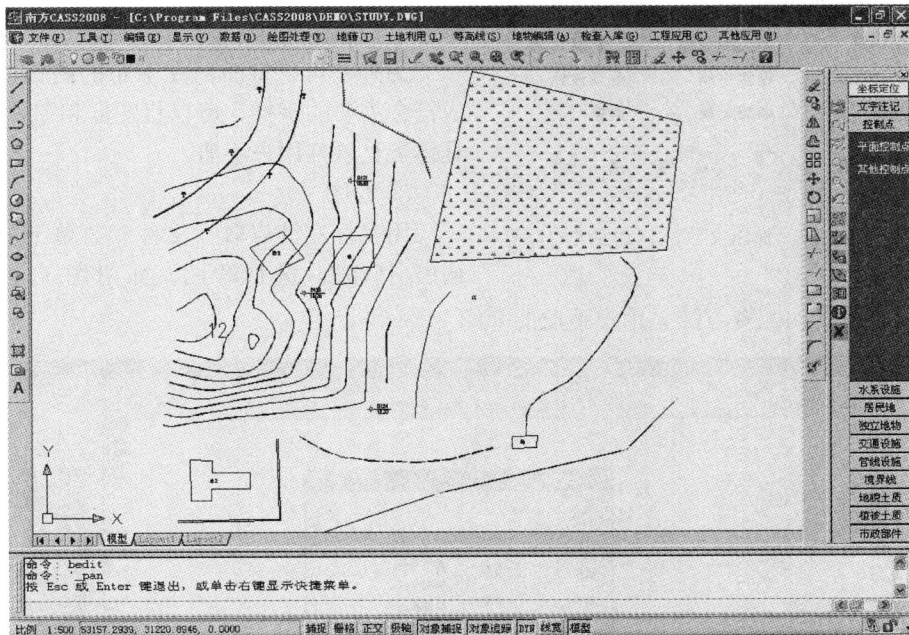

附图 11-15　绘制等高线

　　用鼠标左键点取右侧屏幕菜单的"文字注记"项，弹出如附图 11-17 的界面。

　　首先在需要添加文字注记的位置绘制一条拟合的多功能复合线，然后在注记内容中输入"经纬路"并选择注记排列和注记类型，输入文字大小，确定后选择绘制拟合的多功能复合线即可完成注记。

　　经过以上各步，生成的图如附图 11-1 所示。

　　7. 加图框

　　用鼠标左键点击"绘图处理"菜单下的"标准图幅（50×40）"，弹出如附图 11-18 的

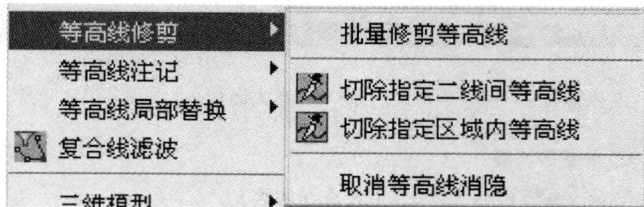

附图 11-16 "等高线修剪"菜单

界面。

在"图名"栏里，输入"建设新村"；在"测量员"、"绘图员"、"检查员"各栏里分别输入"张三"、"李四"、"王五"；在"左下角坐标"的"东"、"北"栏内分别输入"53073"、"31050"；点选"取整到米"；在"删除图框外实体"栏前打勾，然后按确认。这样这幅图就作好了，如附图 11-19。

另外，可以将图框左下角的图幅信息更改成符合需要的字样，可以将图框和图章用户化，具体参见软件用户手册。

8. 绘图

用鼠标左键点取"文件"菜单下的"图形输出/打印"，进行绘图，如附图 11-20 所示。

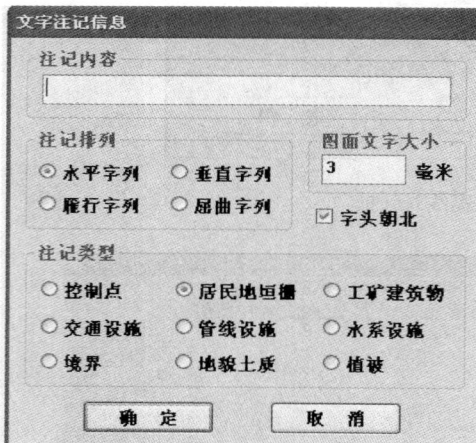

附图 11-17 弹出文字注记对话框

绘图仪或打印机的配置方法见用户手册的介绍。

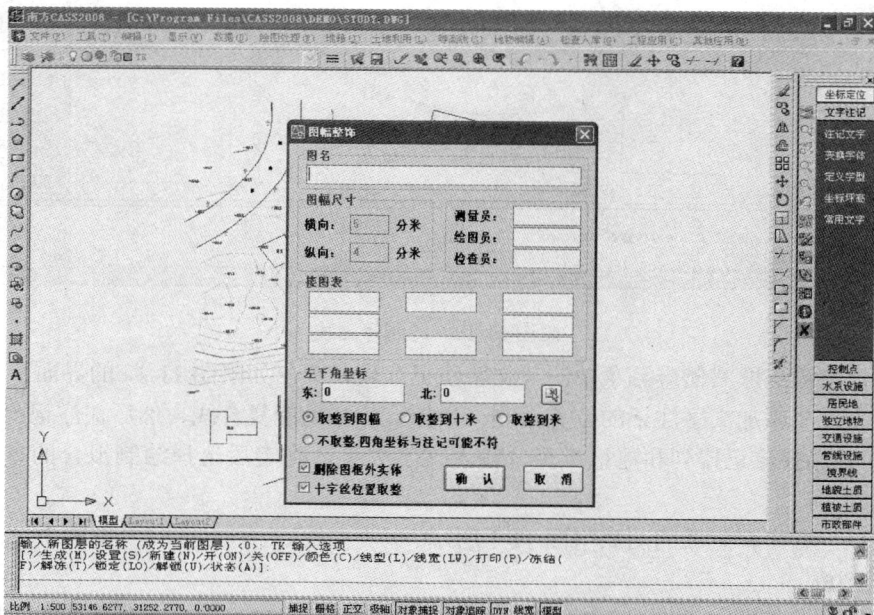

附图 11-18 输入图幅信息

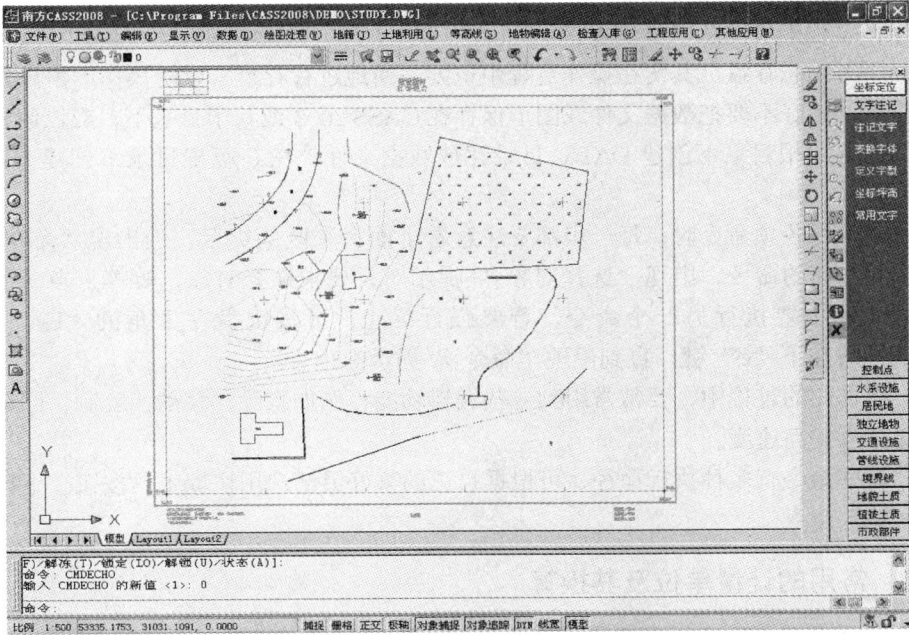

附图 11-19　加图框

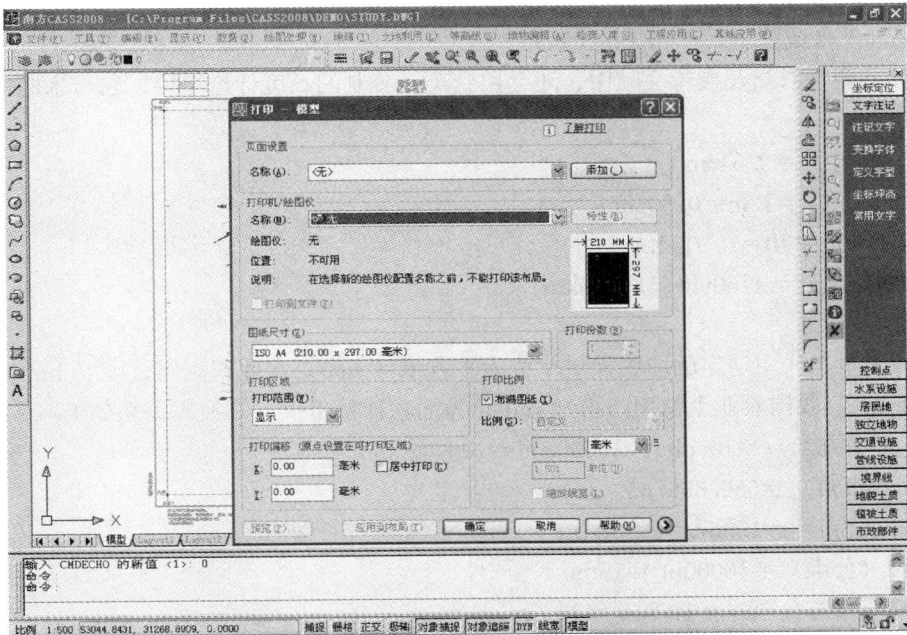

附图 11-20　用绘图仪出图

　　选好图纸尺寸、图纸方向之后，用鼠标左键点击"窗选"按钮，用鼠标圈定绘图范围。将"打印比例"一项选为"2∶1"（表示满足 1∶500 比例尺的打印要求），通过"部分预览"和"全部预览"可以查看出图效果，满意后就可单击"确定"按钮进行绘图了。

当用户一步一步地按着上面的提示操作，此时就可以看到第一份成果了。

在操作过程中要注意以下事项：

（1）千万别忘存盘（其实在操作过程中也要不断地进行存盘，以防操作不慎导致丢失）。正式工作时，最好不要把数据文件或图形保存在 CASS 2008 或其子目录下，应该创建工作目录。比如在 C 盘根目录下创建 DATA 目录存放数据文件，在 C 盘根目录下创建 DWG 目录存放图形文件。

（2）在执行各项命令时，每一步都要注意看下面命令区的提示，当出现"命令："提示时，要求输入新的命令，出现"选择对象："提示时，要求选择对象，等等。当一个命令没执行完时最好不要执行另一个命令，若要强行终止，可按键盘左上角的"Esc"键或按"Ctrl"的同时按下"C"键，直到出现"命令："提示为止。

（3）在作图的过程中，要常常用到一些编辑功能，例如删除、移动、复制、回退等，可使用快捷命令提高速度。

（4）有些命令有多种执行途径，可根据自己的喜好灵活选用快捷工具按钮、下拉菜单或在命令区输入命令。

附录 12　常用的计量单位及其换算

1. 长度单位

我国测量工作中法定的长度计量单位为米（meter）制单位：

1m（米）＝10dm（分米）＝100cm（厘米）＝1000mm（毫米）

1km（千米或公里）＝1000m（米）

在外文测量书籍及参考文献中，还会用到英、美制的长度计量单位，它与米制的换算关系如下：

1in（英寸）＝2.54cm

1ft（英尺）＝12in＝0.3048m

1yd（码）＝3ft＝0.9144m

1mi（英里）＝1760yd＝1.6093km

2. 面积单位

我国测量工作中法定的面积计量单位为平方米（m^2），大面积则用公顷（hm^2）或平方公里（km^2）。我国农业上常用市亩（mu）为面积计量单位。其换算关系如下：

$1m^2$（平方米）＝$100dm^2$＝$10000cm^2$＝$1000000mm^2$

1mu（市亩）＝$666.6667m^2$

1are（公亩）＝$100m^2$＝0.15mu

$1hm^2$（公顷）＝$10000m^2$＝15mu

$1km^2$（平方公里）＝$100hm^2$＝1500mu

米制与英、美制面积计量单位的换算关系如下：

$1in^2$（平方英寸）＝$6.4516cm^2$

$1ft^2$（平方英尺）＝$144in^2$＝$0.0929m^2$

$1yd^2$（平方码）＝$9ft^2$＝$0.8361m^2$

1acre（英亩）＝$4840yd^2$＝40.4686are＝$4046.86m^2$＝6.07mu

1mi² （平方英里）＝640acre＝2.59km²

3. 角度单位

测量工作中常用的角度单位有度分秒（DMS）制和弧度制。

（1）度分秒制

1 圆周 ＝60°（度），1°＝60′（分），1′＝60″（秒）

（2）弧度制

圆心角的弧度为该角所对弧长与半径之比。在推导测量学的公式或进行计算时，有时也用弧度来表示角度的大小，计算机运算中的角度值也往注以弧度表示。把弧长等于半径的圆弧所对圆心角称为一个弧度，以 ρ 表示。因此，整个圆周为 2π 弧度。

弧度与角度的关系为：$2\pi\rho=360°$，因此

$$\rho=\frac{180°}{\pi}$$

一个弧度相当于度分秒制角值为

$$\rho°=\frac{180°}{\pi}=57.2957795°\approx57.3°$$

$$\rho'=\frac{180°}{\pi}\times60=3437.74677'\approx3438'$$

$$\rho''=\frac{180°}{\pi}\times3600=206264.806''\approx206265''$$

附录 13　地形图常用符号列表

编号	符号名称	图 例	编号	符号名称	图 例
1	坚固房屋 4—房屋层数	竖4　　1.5	6	草地	1.5 0.8 10.0 10.0
2	普通房屋 2—房屋层数	2　　1.5	7	水生经济作物地	3.0 藕 0.5
3	窑洞 1. 住人的 2. 不住人的 3. 地面下的	1 2.5　2 2.0 3	8	旱地	1.0 2.0 10.0 10.0
4	台阶	0.5 0.5 0.5	9	水稻田	0.2 2.0 10.0 10.0
5	菜地	2.0 2.0 10.0 10.0	10	高压线	4.0

编号	符号名称	图例	编号	符号名称	图例
11	低压线		23	三角点 凤凰山—点名 394.468—高程	
12	电杆		24	图根点 1. 埋理石的 2. 不埋石的	
13	电线架		25	水准点	
14	砖、石及 混凝土围墙 土围墙		26	旗杆	
15	栅栏，栏杆		27	水塔	
16	篱笆		28	烟囱	
17	活树篱笆		29	气象站（台）	
18	公路		30	消火栓	
19	简易公路		31	阀门	
20	大车路		32	水龙头	
21	小路		33	钻孔	
22	沟渠 1. 有堤岸的 2. 一般的 3. 有沟壑的		34	路灯	
			35	独立树 1. 阔叶 2. 针叶	

续表

编号	符号名称	图 例	编号	符号名称	图 例
36	等高线 1. 首曲线 2. 计曲线 3. 间曲线	0.15 —87— 1 0.3 —85— 2 0.15 6.0 —3 1.0	39	滑坡	
37	高程点及 其注记	163.200 75.400	40	陡崖 1. 土质的 2. 石质的	1 2
38	示坡线	0.8	41	冲沟	

参 考 文 献

[1] 伊廷华，李宏男. 结构健康监测—GPS 监测技术. 北京：中国建筑工业出版社，2009.

[2] 李宏男，伊廷华. 结构防灾、监测与控制. 北京：中国建筑工业出版社，2008.

[3] 伊晓东，金日守，袁永博. 测量学教程（第二版）. 大连：大连理工大学出版社，2008.

[4] 合肥工业大学等. 测量学（第四版）. 北京：中国建筑工业出版社，2002.

[5] 李晓莉. 测量学实验与实习. 北京：测绘出版社，2006.

[6] 卞正富. 测量学实践教程. 北京：中国农业出版社，2004.

[7] 唐平英. 测量学实验指导与实验报告. 北京：人民交通出版社，2005.

[8] 邹永廉. 土木工程测量. 北京：高等教育出版社，2004.

[9] 顾孝烈，鲍峰，程效军等. 测量学. 上海：同济大学出版社，2006.